BestMasters

Mit „BestMasters" zeichnet Springer die besten, anwendungsorientierten Masterarbeiten aus, die im Jahr 2013 an renommierten Wirtschaftslehrstühlen Deutschlands, Österreichs und der Schweiz entstanden sind.
Die mit Bestnote ausgezeichneten und durch Gutachter zur Veröffentlichung empfohlenen Arbeiten weisen i.d.R. einen deutlichen Anwendungsbezug auf und behandeln aktuelle Themen aus unterschiedlichen Teilgebieten der Wirtschaftswissenschaften.
Die Reihe wendet sich an Praktiker und Wissenschaftler gleichermaßen und soll insbesondere auch Nachwuchs-Wissenschaftlern Orientierung geben.

Roman S. Iwasaki

Die separate Regulierung zweier Gene mit einfarbigem Licht

Modulierte Lichtpulse als Ergänzung für die mehrfarbige Optogenetik

Mit einem Geleitwort von Prof. Dr. Andreas Möglich

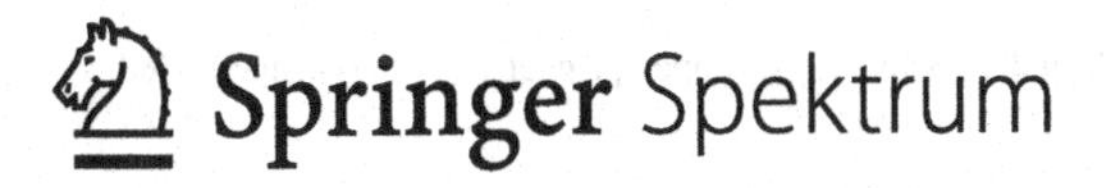

Roman S. Iwasaki
Boulder, USA

BestMasters
ISBN 978-3-658-08158-4 ISBN 978-3-658-08159-1 (eBook)
DOI 10.1007/978-3-658-08159-1

Die Deutsche Nationalbibliothek verzeichnet diese Publikation in der Deutschen Nationalbibliografie; detaillierte bibliografische Daten sind im Internet über http://dnb.d-nb.de abrufbar.

Springer Spektrum

Gedruckt auf säurefreiem und chlorfrei gebleichtem Papier

Springer Fachmedien Wiesbaden ist Teil der Fachverlagsgruppe Springer Science+Business Media
(www.springer.com)

Geleitwort

Sensorische Photorezeptoren versetzen Organismen in die Lage, Licht wahrzunehmen und daraus für ihr Überleben essentielle räumliche und zeitliche Informationen zu beziehen. Aufgrund dieser Eigenschaften kommt Photorezeptoren auch in der sogenannten Optogenetik die zentrale Rolle zu: als DNA-Schablonen in Zielgewebe eingebracht, ermöglichen Photorezeptoren die reversible, nicht-invasive und räumlich-zeitlich exakte Kontrolle organismischen Verhaltens und Physiologie mittels Lichtbestrahlung. Beispielsweise lässt sich dergestalt neuronale Aktivität oder die Genexpression über Licht steuern.

In seiner M.Sc.-Arbeit im Fach ‚Biophysik' befasst sich Herr Roman Iwasaki mit zwei als pDusk und pDawn bezeichneten Systemen, welche in Colibakterien blaulicht-reprimierte bzw. blaulicht-aktivierte Expression beliebiger Gene erlauben. Da bislang diese Systeme nur bei kontinuierlicher Beleuchtung eingesetzt wurden, machte sich der Autor daran, die Antwort von pDusk und pDawn systematisch bei variierenden Intensitäten und Frequenzen gepulster Beleuchtung zu ergründen. Zu diesem Zweck etablierte Herr Iwasaki einen neuen Beleuchtungsaufbau, der erlaubte, den Raum möglicher Parameterkombinationen effizient abzudecken.

Mit Kenntnis der genauen Antwortfunktion konnten nun abgeleitete Systeme am Reißbrett geplant werden, die sich in ihrer Lichtantwort dahingehend unterscheiden, dass sie bei entsprechend gewählten Beleuchtungsparamtern selektiv schaltbar sind, ohne dass gleichzeitig pDusk und pDawn nennenswert geschaltet werden. Die anschließende experimentelle Umsetzung bedingte ein inkrementales, durch zahlreiche Messungen begleitetes Vorgehen. Letztlich gelang es Herrn Iwasaki, Systeme mit den gewünschten Charakteristika zu erhalten; in Kombination mit den ursprünglichen pDusk und pDawn ergibt sich jetzt die Möglichkeit, über Wahl von Beleuchtungsstärke und -frequenz die Expression zweier beliebiger Gene unabhängig voneinander und mit hoher räumlicher und zeitlicher Präzision zu kontrollieren.

Herr Iwasakis Arbeit ist in mehrerlei Hinsicht wegweisend: erstens ist ein quantitatives Verständnis der gegenwärtig untersuchten Systeme erbracht worden, was nicht zuletzt deren weitere Optimierung befördert; zweitens können die in dieser Arbeit demonstrierten Prinzipien der genauen Regulation über gepulste Beleuchtung auch auf andere Photorezeptoren, die in der Optogenetik Einsatz finden, angewandt werden; und drittens bahnen die erbrachten Forschungsergebnisse den Weg für einen praktischen Einsatz der untersuchten Systeme in der Biotechnologie, z. B. in mehrstufigen Biosynthese-Prozessen.

Aus der aktuellen Schrift spricht spürbar der große Eifer, mit dem Herr Iwasaki ans Werk ging. Es ist daher zu wünschen, dass dieser gleichermaßen erfolgreichen und zukunftsweisenden Arbeit über dieses Forum die Aufmerksamkeit eines breiteren Publikums zuteil wird.

Prof. Dr. Andreas Möglich

Geleitwort

Vorwort

Das Institut für Biophysik an der Humboldt-Universität zu Berlin ist ein Ort, an welchem zahlreiche Meilensteine in der Entwicklung der Optogenetik erreicht wurden. Es waren diese exzellente wissenschaftliche Umgebung und die dafür verantwortlichen Dozenten, welche mich zu einer Masterarbeit in diesem Feld motivierten. Dafür möchte ich mich bei den zahlreichen Mitgliedern des Instituts bedanken, die gemeinsam zu diesem Umfeld beigetragen haben.

Insbesondere danke ich meinen Mitarbeitern in der Forschungsgruppe „Biophysikalische Chemie" von Prof. Möglich für die freundliche Arbeitsatmosphäre sowie die Unterstützung in technischen Fragen. Von direkter Relevanz für die Masterarbeit war dabei die Unterstützung durch Dr. Florian Richter bei der Konstruktion des LED-Arrays. Weiterhin danke ich meinem Betreuer Dr. Ralph Diensthuber, welcher mich in die diversen Arbeitsmethoden des Labors eingeführt hat und mir durchgängig als Referenz in technischen und wissenschaftlichen Fragen Hilfe geleistet hat. Schließlich möchte ich meinen ganz besonderen Dank Prof. Andreas Möglich aussprechen, der das Potential gepulsten Lichts als weiteres optogenetisches Werkzeug antizipiert hat und mir die Arbeit in seiner Forschungsgruppe ermöglicht hat. Darüber hinaus hat er mich als Mentor auf überragende Weise beraten, unterstützt und angeleitet.

Mein persönlicher Dank geht an meine Familie und meine Frau, welche mich besonders in arbeitsintensiven Zeiten verständnisvoll unterstützt haben.

Roman S. Iwasaki

Inhalt

Geleitwort ... V

Vorwort ... VII

Inhalt ... IX

Abkürzungsverzeichnis ... XIII

Abbildungsverzeichnis ... XV

Tabellenverzeichnis ... XVII

1 Einleitung ... 1

1.1 Optogenetik in der synthetischen Biologie ... 1

1.2 LOV-Photorezeptoren ... 2

1.3 Zwei-Komponenten-Systeme ... 3

1.4 Die Licht-regulierten Histidin-Kinasen YF1, LF1 und YLF1 ... 4

1.5 Die Expressionssysteme pDusk und pDawn ... 6

1.6 Das Zwei-Komponenten-System TodST ... 7

1.7 Zielstellung der Arbeit ... 8

2 Material und Methoden ... 11

2.1 Materialien ... 11

2.1.1 Geräte und Verbrauchsmaterialien ... 11
2.1.2 Chemikalien ... 12
2.1.3 Biologische Materialien ... 13
2.1.4 Puffer und Lösungen ... 13
2.1.5 Medien und Nährboden für *E. coli* ... 14

2.2 Molekularbiologische Methoden ... 14

2.2.1 Zielgerichtete Mutagenese ... 14
2.2.2 Fehleranfällige PCR (epPCR) ... 15
2.2.3 Megaprimer-PCR an ganzen Plasmiden (MEGAWHOP) ... 16
2.2.4 Fusions-PCR ... 17
2.2.5 Klonierung von DNA-Sequenzen in Plasmide ... 19
2.2.6 Mini-Präparation von Plasmiden aus *E. coli* ... 20
2.2.7 Analytischer Restriktionsverdau ... 20

2.3 Mikrobiologische Methoden ... 20

2.3.1 Transformation von *E. coli* durch Hitzeschock 20
2.3.2 Transformation und *screening* einer randomisierten Plasmid-Bibliothek 21
2.3.3 Transformation von *E. coli* durch Elektroporation 21
2.3.4 Anlegen eines Glycerin-Stocks von CmpX13 *E. coli* Zellen 21
2.3.5 Inkubation von *E.coli* CmpX13 für *in vivo* Kinase-Aktivitäts-*Assays* 21
2.3.5.1 Inkubation für Quantifizierung des Licht-Dunkel-Unterschieds 21
2.3.5.2 Design des LED-Array-Formats für den Kinase-Aktivitäts-*Assay* 22

2.4 Fluoreszenzmessungen von DsRed 22

2.5 Proteinbiochemische Methoden 23
2.5.1 Expression und Aufreinigung von LOV-Photorezeptoren-Mutanten 23
2.5.2 SDS-Polyacrylamid-Gelelektrophorese (SDS-PAGE) 24

2.6 Photometrische Methoden 24
2.6.1 Bestimmung des Proteingehalts 24
2.6.2 Kinetische Absorptionsmessungen 25

3 Ergebnisse 26

3.1 Identifizierung und Charakterisierung von LOV-Photorezeptor-Mutanten mit veränderten Zerfallskinetiken 26
3.1.1 Mutagenese und Bestimmung des Licht-regulierten Dynamikbereichs der Mutanten 26
3.1.2 Kinetische Absorptionsmessungen an YF1- und LF1-Mutanten 28
3.1.3 Regulation der Kinaseaktivität *in vivo* durch Modulation von Beleuchtungsstärke und Pulsfrequenz 29
3.1.3.1 Etablierung des LED-Array Formats für *in vivo*-Assays 29
3.1.3.2 Ergebnisse der *in vivo*-Assays im LED-Array Format 30

3.2 Konstruktion und Charakterisierung eines synthetischen, Licht-regulierten Zwei-Komponenten-Systems 34
3.2.1 Konstruktion der Plasmide pDusk_YT1 und pDusk_LT1 34
3.2.2 Charakterisierung von pDusk_YT1 und pDusk_LT1 im *in vivo* Assay 37
3.2.3 Design des Inverters SrpR und dessen Insertion in pDusk_YT1 und pDusk_LT1 38
3.2.4 Charakterisierung des SrpR-Inverters im *in vivo* Assay 38

3.3 Mutagenesestudien an YLF1 zur Untersuchung der intramolekularen Signalintegration 40
3.3.1 Zufallsmutagenese an LF1 40
3.3.2 Zielgerichtete Mutagenese an beiden LOV-Domänen von YLF1 41

4 Diskussion 43

4.1 Selektive Genexpression durch Modulation der Lichtpulsfrequenz 43
4.1.1 Mutagenese von LOV-Domänen zur Modifikation der Relaxationskinetiken 43

4.2 Konstruktion eines genetischen Schaltkreises mit zwei Zwei-Komponenten-Systemen 46

4.3 Funktion der LOV-Domänen im Tandem-Konstrukt YLF1 48

4.4 Ausblick und Anwendungen 49

Literaturverzeichnis 53

Alle Abbildungen sind online in Farbe auf www.springer.com unter dem Titel des Buches einsehbar.

Abkürzungsverzeichnis

Abb.	Abbildung
ADP	Adenosin-5'-diphosphat
APS	Ammoniumperoxodisulfat
AS	Aminosäure
ATP	Adenosin-5'-triphosphat
Bp	Basenpaar
C-	Carboxy-
CA	*catalytic and ATP-binding domain*
ca.	Circa
D. melanogaster	*Drosophila melanogaster*
dCTP	Desoxycytidintriphosphat
DHp	*dimerization and histidine phosphotranfer domain*
DNA	Desoxyribonukleinsäure
dNTP	Desoxynukleosidtriphophat
dTTP	Desoxythymidintriphosphat
E. coli	*Escherichia coli*
EDTA	Ethylendiamintetraacetat
eGFP	*enhanced green fluorescent protein*
epPCR	*error-prone PCR* (Fehleranfällige Polymerase-Kettenreaktion)
F	Farad
FMN	Flavinmononukleotid
FPLC	*fast performance liquid chromatography*
His-*tag*	Polyhistidin-*tag*
HK	Histidin Kinase
LB	Luria Bertani
LED	Lichtemittierende Diode
LOV	*light-oxygen-voltage*
MCS	*multiple cloning site*
MEGAWHOP	*Megaprimer assisted whole plasmid PCR*
MW	*molecular weight*
MWCO	*molecular weight cut-off*
N-	Amino-
Ni	Nickel
Ni-NTA	Nickel-Nitrilacetat
OD	optische Dichte
ORF	*open reading frame*
P	Phosphat
PAGE	Polyacrylamid-Gelelektrophorese
PAS	Per-Arnt-Sim
PCR	*polymerase chain reaction* (Polymerase-Kettenreaktion)
rcf	*relative centrifugal force*
rpm	*rounds per minute*

RR	*response regulator*
RRR	*response regulator receiver*
RT	Raumtemperatur
s.	siehe
SDS	Natriumdodecylsulfat
Tab.	Tabelle
TCS	*two-component-system* (Zwei-Komponenten-System)
TEMED	N, N, N', N'-Tetramethylethylendiamin
Tris	Tris(hydroxymethyl)-aminomethan
U	unit
v/v	Volumen pro Volumen
w/v	Gewicht pro Volumen
WT	Wildtyp

Abbildungsverzeichnis

Abb. 1: Struktur und Funktion von LOV-Domänen ... 3
Abb. 2: Schema eines Zwei-Komponenten-Systems ... 4
Abb. 3: Der Aufbau von YF1 ... 5
Abb. 4: Funktionsschema einer Lichtpulsfrequenz-aktivierten YLF1 Mutante ... 6
Abb. 5: Ausschnitt aus dem Aufbau der Plasmide pDusk und pDawn ... 7
Abb. 6: Das Tod-Operon und die Domänen der Proteine TodS und TodT ... 8
Abb. 7: Kinaseaktivität von hypothetischen YF1- oder LF1-Varianten in Abhängigkeit von der Frequenz der applizierten Blaulichtpulse ... 9
Abb. 8: Schematischer Ablauf einer Fusions-PCR ... 18
Abb. 9: Kristallstruktur der YtvA-Domäne ... 26
Abb. 10: DsRed-Expression von den Plasmiden pDusk und pDawn ... 27
Abb. 11: Absorptionsmessungen an YF1-Varianten ... 28
Abb. 12: Der LED-Array ... 30
Abb. 13: DsRed-Expression von pDusk und pDawn unter gepulstem Blaulicht ... 31
Abb. 14: Vergleich der Genexpression durch YF1-V28I und LF1-L36V bei verschiedenen Lichtpulsbedingungen ... 32
Abb. 15: DsRed-Expression von pDusk mit den YF1-Inverter-Mutanten D21V und H22P ... 33
Abb. 16: Einfluss der Lebensdauer des Photoaddukts auf Abhängigkeit der DsRed-Expression von der Pulsfrequenz ... 33
Abb. 17: Vergleich der DsRed-Expression durch YF1 in pDusk mit dem FixK2-Promoter und dem todX-Promoter ... 35
Abb. 18: Konstruktion des Gens für YT1 und TodT ... 35
Abb. 19: Färbung der DNA-Banden mit den generierten DNA-Strängen im Agarosegel ... 36
Abb. 20: DsRed-Expression durch die TodST-Fusionskonstrukte im pDusk Kontext ... 37
Abb. 21: Schema des konstruierten Zwei-Komponenten-Systems in dem Plasmid YT1_SrpR ... 38
Abb. 22: Vergleich der DsRed-Expression durch verschiedene Inverter-Konstrukte ... 39
Abb. 23: Homologiemodell von LfLOV1 in YLF1, basierend auf der Struktur der YtvA-LOV-Domäne ... 41
Abb. 24: Induktion der DsRed-Expression durch LOV-Photorezeptor-Varianten ... 42
Abb. 25: Kristallstruktur der YtvA-LOV-Domäne in YF1 und Modelle von YF1-Mutanten ... 44
Abb. 26: Homologiemodell der Chromophor-Bindetasche von LfLOV1, basierend auf der Struktur der YtvA-LOV-Domäne ... 45
Abb. 27: Übersicht der untersuchten Kombinationen von LOV- und Kinase-Domänen ... 47
Abb. 28: Schema eines genetischen Schaltkreises mit zwei Licht-regulierten TCS ... 48

Tabellenverzeichnis

Tab. 1: Reaktionsansatz für die zielgerichtete Mutagenese 15
Tab. 2: PCR-Protokoll für die zielgerichtete Mutagenese 15
Tab. 3: Reaktionsansatz für die epPCR 16
Tab. 4: PCR-Protokoll für die epPCR 16
Tab. 5: Reaktionsansatz für die MEGAWHOP 17
Tab. 6: PCR-Protokoll für die MEGAWHOP 17
Tab. 7: Ansatz der Verlängerungs-PCR und Fusions-PCR 18
Tab. 8: Protokoll der Verlängerungs-PCR und Fusions-PCR 19
Tab. 9: Restriktionsansatz für Klonierung 19
Tab. 10: Ligationsansatz 19
Tab. 11: Zusammensetzung eines SDS-Polyacrylamidgels 24
Tab. 12: Induktion der DsRed-Expression durch Dunkelheit oder Applikation von Blaulicht 28
Tab. 13: Lebensdauer der Signalzustände von YF1- und LF1-Mutanten 29
Tab. 14: Primer für die Fusions-PCR 36

1 Einleitung

1.1 Optogenetik in der synthetischen Biologie

Licht ist als Informationsquelle für viele Organismen von großer Wichtigkeit und beeinflusst deren Physiologie und Verhalten. Zum Zwecke der Lichtdetektion exprimieren Lebewesen daher Proteine, welche als Photorezeptoren dienen. Diese Rezeptoren zeichnen sich dadurch aus, dass sie auf reversible und räumlich-zeitlich präzise Weise auf Lichtsignale reagieren. Dies unterscheidet sie von Rezeptoren, welche chemische Substanzen detektieren und macht sie daher zu einem attraktiven Werkzeug für die Kontrolle von biologischen Prozessen in der Forschung, nicht zuletzt, weil die Applikation von Licht nicht-invasiv ist. Die Regulation von zellulären Prozessen durch genetisch kodierte Photorezeptoren wird Optogenetik genannt und bezog sich ursprünglich auf die Manipulation neuronaler Aktivität (Boyden, et al., 2005). Mittlerweile können jedoch zahlreiche biochemische Prozesse in Pro- und Eukaryoten mit Licht manipuliert werden, indem natürlich vorkommende, Licht-aktivierbare Proteine heterolog exprimiert werden (Gradianaru, et al., 2010). Alternativ können Photorezeptor-Domänen auch mit ursprünglich Licht-unabhängigen Proteinen rekombiniert werden, um diese unter die Kontrolle von Licht zu stellen und so neue, optogenetische Werkzeuge zu schaffen (Möglich & Moffat, 2010; Müller & Weber, 2013; Pathak et al., 2013). So wurden synthetische Photorezeptoren bereits eingesetzt, um z.B. enzymatisch Metaboliten umzusetzen (Krauss et al., 2010; Gasser et al., 2014) oder um Licht-abhängige Genexpression zu ermöglichen (Levskaya et al., 2005; Ohlendorf et al., 2012). Um in einer Zelle die Expression von mehr als einem Gen selektiv durch Licht kontrollieren zu können, wurden Photorezeptoren eingesetzt, welche sich in ihren Absorptionsspektren hinreichend unterscheiden. Dadurch können verschiedene Photorezeptoren, und somit auch deren nachgeschaltete Interaktionspartner, mit Licht unterschiedlicher Wellenlänge voneinander unabhängig aktiviert werden (Tabor et al., 2011; Müller et al., 2013).

Der Einsatz verschiedener Wellenlängen für diesen Zweck bringt jedoch auch Einschränkungen mit sich, da die Absorptionsspektren der eingesetzten Photorezeptoren überlappen können. Um trotzdem selektiv einen von zwei Photorezeptoren aktivieren zu können, muss Licht bei Wellenlängen appliziert werden, welche nicht den Absorptionsmaxima der Photorezeptoren entsprechen, was entweder eine geringe Induktion des Licht-regulierten Systems oder den Einsatz sehr hoher Lichtstärken bedingt. Alternativ muss die Aktivierung beider Photorezeptoren in Kauf genommen werden, wobei dann lediglich eine erhöhte Induktion des einen Systems gegenüber dem anderen erreicht wird (Tabor, et al., 2011). Eine Methode diesem Problem zu begegnen, ist, Photorezeptoren mit veränderten Eigenschaften einzusetzen, sodass deren Absorptionsmaxima spektral separiert sind. Photorezeptoren mit diesen gewünschten Eigenschaften können gefunden werden, indem bis dato unbekannte Photorezeptoren über Sequenzhomologie in Genomen identifiziert und charakterisiert werden (Rockwell, et al., 2014) oder es können bereits charakterisierte Photorezeptoren durch Chimeragenese oder Mutagenese modifiziert werden (Lin, et al., 2013). Allerdings kann vermutlich selbst mit extensivem Protein-Design nur eine begrenzte Anzahl an Licht-regulierten Systemen parallel eingesetzt werden, ohne dass deren Aktionsspektren signifikant überlappen. Darüber hinaus ist dieses sogenannte *color-tuning* nicht mit allen Rezeptor-Typen durchführbar; die Absorptionsspektren der flavinhaltigen BLUF- und LOV-Photorezeptoren können so kaum modifiziert werden. LOV-Photorezeptoren stellen beliebte optogenetische Werkzeuge dar (Möglich & Moffat, 2010), da der modulare Aufbau von LOV-Domänen eine einfache Rekombination mit anderen Proteinen erlaubt (s. 0). In der vorliegenden Arbeit soll daher versucht werden, dieses Problem zu umgehen, indem der Einsatz von gepulstem Licht als Mittel der selektiven Aktivierung von LOV-Photorezeptoren untersucht wird.

1.2 LOV-Photorezeptoren

Photorezeptoren existieren in einer enormen evolutionären Vielfalt und bestehen dabei oft aus einem Apoprotein, welches für die biochemische Funktion des Rezeptors entscheidend ist und einem Chromophor, welches an das Protein gebunden ist und durch Lichtabsorption die biochemische Reaktivität des Proteins reguliert. In manchen Rezeptoren kann darüber hinaus zwischen der Sensordomäne des Proteins, welches den Chromophor bindet und der Effektordomäne, welche die biochemische Aktivität des Proteins bestimmt, unterschieden werden.

Eine weit verbreitete Sensordomäne ist die LOV (*Light-Oxygen-Voltage*)-Domäne, welche wiederum zur Familie der PAS (Per-Arnt-Sim) -Domänen gehört (Taylor & Zhulin, 1999; Möglich et al., 2009b). PAS- und somit auch LOV-Domänen bestehen aus einem fünf-strängigen, anti-parallelen β-Faltblatt, welches von vier α-Helices flankiert wird (Abb. 1A). Photorezeptoren mit LOV-Domänen finden sich in Pflanzen, Pilzen und Bakterien (Crosson, et al., 2003; Losi, et al., 2002) und zeichnen sich dadurch aus, dass sie Flavine nicht-kovalent als Chromophor binden und bei Bestrahlung mit blauem Licht einen charakteristischen, photochemischen Zyklus durchlaufen (Abb. 1B). In diesem Zyklus liegt der Chromophor zunächst im Dunkelzustand vor, welcher als D_{450} bezeichnet wird. Das Subskript 450 bezeichnet dabei die Wellenlänge in nm bei der das Absorptionsmaximum des Zustands liegt. Wird nun ein Photon im Wellenlängenbereich um 450 nm absorbiert, geht der Chromophor in einen angeregten Triplettzustand über, welcher mit L_{660} bezeichnet wird. Dieser Zustand geht nach wenigen Mikrosekunden in den Signalzustand S_{390} über. Dabei wird ein Proton von der Thiol-Gruppe eines konservierten Cysteins in der LOV-Domäne auf das N5-Atom des Flavin-Rings übertragen woraufhin eine kovalente Bindung zwischen dem Schwefel-Atom und dem C4a-Atom des Flavin-Rings ausgebildet wird. Dieser Signalzustand löst die konformationellen Änderungen aus, die zur Signalantwort des Proteins führen. Durch den Zerfall des gebildeten Thioaddukts wird der Dunkelzustand wiederhergestellt (Swartz, et al., 2001).

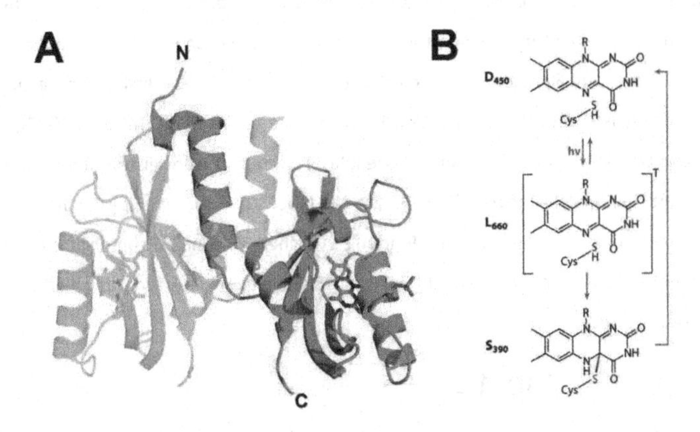

Abb. 1: Struktur und Funktion von LOV-Domänen (A) Kristallstruktur der YtvA-LOV-Domäne (PDB: 4GCZ). Das dimere Apoprotein ist als Cartoon und der Chromophor FMN als *sticks* dargestellt. **(B)** Schema des Photozyklus von LOV-Domänen nach Möglich et al. (2010). Absorption von Licht befördert den D_{450}-Zustand in den angeregten Triplett-Zustand L_{660} woraufhin das Photoaddukt S_{390} gebildet wird, welches thermisch wieder zu D_{450} zerfällt.

Die Zerfallskonstante dieses Prozesses liegt auf der Zeitskala von Sekunden bis Stunden, abhängig von den elektrostatischen und sterischen Eigenschaften der Chromophor-Bindetasche und seiner Exponiertheit für Wassermoleküle im Lösungsmittel, da Wassermoleküle an dem Basen-katalysierten Zerfall des Photoaddukts beteiligt sind. Weiterhin ist die Zerfallsgeschwindigkeit stark vom pH des Lösungsmittels, der Temperatur und der Konzentration von reduzierenden Agenzien wie Imidazol abhängig (Christie et al., 2007; Zoltowski et al., 2009).

1.3 Zwei-Komponenten-Systeme

Für das Design eines modular aufgebauten Photorezeptors ist neben einer Sensordomäne, wie der beschriebenen LOV-Domäne, auch eine Effektor-Domäne notwendig. Die Effektor-Domänen aus Zwei-Komponenten-Systemen (TCS) bieten sich für die Rekombination in Fusionskonstrukten an, da sie auch modular aufgebaut sind und in einer großen Diversität existieren. Ein typisches TCS besteht aus einer Histidin-Kinase (HK) und einem *response regulator* (RR) (Stock, et al., 2000). Die Histidin-Kinase setzt sich wiederum aus einer Sensor-Domäne, einer DHp (Dimerisierung und Histidin-Phosphotransfer)-Domäne und einer CA (Katalyse und ATP-Bindung)-Domäne zusammen und liegt in der Zelle meist als Dimer vor. Ist die Sensor-Domäne ihrem adäquaten Reiz ausgesetzt, führt dies zu einer Autophosphorylierung der Kinase durch die CA-Domäne an einem hoch konservierten Histidin in der DHp-Domäne. Dieser Phosphatrest wird dann auf ein Aspartat eines RR übertragen, welcher die zelluläre Antwort auslöst. Ein adäquater Reiz kann die An- oder Abwesenheit von niedermolekularen Substanzen, Licht oder elektrischer Spannung sein. Umgekehrt wird bei Abwesenheit des adäquaten Reizes der RR durch die HK dephosphoryliert und die zelluläre Anwort bleibt aus (Abb. 2). HK und RR eines TCS bilden hochspezifische Paare an Interaktionspartnern, welche hauptsächlich in Bakterien, aber auch in Archeen, Pflanzen und Pilzen zur Signaldetektion dienen (Stock, et al., 2000). Insbesondere in verschiedenen Bakterienspezies existieren zahlreiche HK-RR Paare, alleine in *E. coli* 30 (Mizuno, 1997), welche parallel die spezifische Detektion verschiedener extrazellulärer Stimuli gewährleisten ohne in den Signalwegen zu interferieren. Die Spezifizität der HK-RR Paare ist dabei auf einige wenige Aminosäuren in der DHp-Domäne zurückzuführen, welche an der Bindung zwischen HK und RR beteiligt sind (Skerker, et al., 2008). TCS welche auf diese Weise nicht in ihren Signalwegen interferieren, werden als orthogonal zueinander bezeichnet.

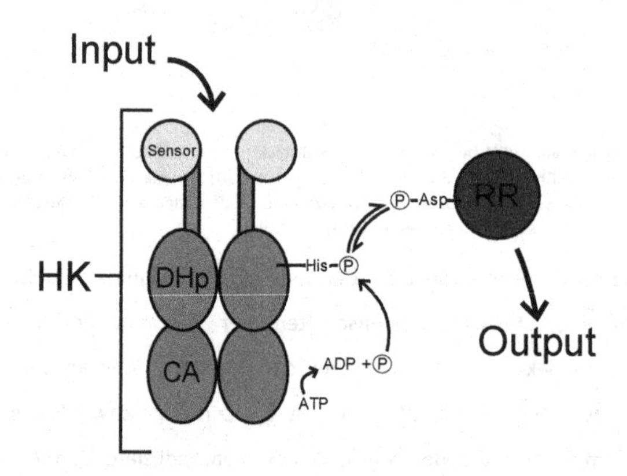

Abb. 2: Schema eines Zwei-Komponenten-Systems. Die protoypische Histidin-Kinase liegt als Dimer vor und besteht aus Sensor-Domäne (gelb), DHp-Domäne (braun) und CA-Domäne (orange) welche über einen Linker (grün) verbunden sind. Die Sensor-Domäne detektiert die An- oder Abwesenheit eines Inputs, wodurch die Phosphorylierung des RR reversibel reguliert wird.

1.4 Die Licht-regulierten Histidin-Kinasen YF1, LF1 und YLF1

Trotz ihrer konservierten Tertiärstruktur finden sich LOV-Domänen nicht nur in sehr unterschiedlichen Organismen, sondern auch in Proteinen mit sehr verschiedenen Funktionen, zum Beispiel in Histidin-Kinasen, Phosphodiesterasen, Zink-Finger Proteinen und anderen. Dabei wurden vermutlich LOV-Domänen im Laufe der Evolution mit verschiedenen Effektor-Domänen rekombiniert, was auf einen modularen Aufbau dieser Rezeptorproteine hin deutet (Crosson, et al., 2003). Dies konnte durch ein Fusionskonstrukt aus den Proteinen FixL und YtvA demonstriert werden (Möglich, et al., 2009). Die Histidin-Kinase FixL stammt aus *Bradyrhizobium japonicum* und ist Teil eines Zwei-Komponenten-Systems. Es besteht aus zwei PAS-Domänen (PAS A und PAS B), einer DHp- und einer CA-Domäne. PAS B bindet eine Häm-Gruppe und reguliert, abhängig von der Sauerstoffkonzentration die Aktivität der

Histidin-Kinase. In Anwesenheit von Sauerstoff wird der *response regulator* FixJ durch FixL dephosphoryliert, in Abwesenheit von Sauerstoff wird FixJ hingegen von FixL phosphoryliert. Der phosphorylierte *response regulator* dimerisiert daraufhin, bindet an den Promoter FixK2 und initiiert die Transkription. (Gilles-Gonzalez et al., 1991; Lois et al., 1993).

Die Effektor-Domäne von FixL (DHp und CA) wurde mit der LOV-Domäne des Proteins YtvA aus *Bacillus subtilis* fusioniert. Diese LOV-Domäne ist in YtvA an eine STAS (*sulfate transporter antisigma-factor antagonist*)-Domäne gekoppelt (Akbar, et al., 2001) und aktiviert unter Blaulicht die Stressantwort durch den Transkriptionsfaktor σ^B (Losi, et al., 2002). In dem entstandenen Fusionskonstrukt konnte so die Histidin-Kinase-Aktivität der FixL-Domäne von Blaulicht abhängig gemacht werden. Dieses Fusionskonstrukt wurde YF1 genannt (s. Abb. 3) und liegt in der Zelle wie FixL als Dimer vor (Möglich, et al., 2009).

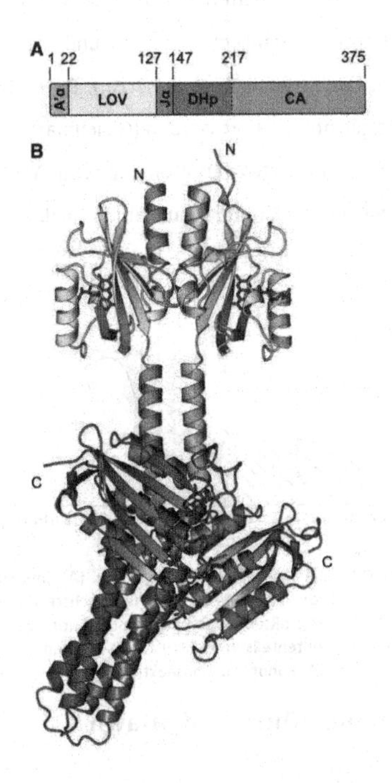

Abb. 3: Der Aufbau von YF1. (**A**) Schematische Darstellung der Domänen von YF1. (**B**) Kristallstruktur von YF1. Die Kofaktoren FMN und ADP sind blau und in Stick-Form dargestellt. YF1 kann wie folgt unterteilt werden: Die Sensor-Domäne besteht aus einer N-terminalen A'α-Helix (blau) und der LOV-Domäne (gelb). Die Effektor-Domäne besteht aus der DHp- (braun) und CA-Domäne (orange). Sensor und Effektor sind über den Jα-*coiled coil* (grün) verbunden. (Abb. aus Diensthuber et al., 2013)

Darüber hinaus lagen in der Arbeitsgruppe bereits zwei weitere Fusionskonstrukte vor. Der synthetische Photorezeptor LF1, welcher auf YF1 basiert, wurde durch einen Austausch der YtvA-LOV-Domäne durch eine andere LOV-Domäne konstruiert. Diese neue LOV-Domäne besteht aus den Aminosäuren 122-244 eines Proteins (Uniprot Identifier: C6HYK0) aus *Leptospirillum ferrodiazotrophum*. Diese LOV-Domäne soll im weiteren Verlauf als LfLOV1 bezeichnet werden. Das Photoaddukt in LF1 zerfällt mit $\tau = 940 \pm 68$ s ca. 6mal so schnell wie in YF1. Das Tandem-Konstrukt YLF1 basiert auch auf YF1, allerdings wurde die LfLOV1-Domäne zwischen die YtvA-LOV-Domäne und die Effektor-Domäne (AS 127-128) eingefügt, sodass YLF1 zwei LOV-Domänen enthält. Die Orientierung von C- und N-Terminus der LOV-Domänen wurde den Ausgangssequenzen entsprechend beibehalten. Beide Konstrukte, YLF1 und LF1, zeigen Licht-regulierte Kinase/Phosphatase-Aktivität (Diensthuber et al., unveröffentlichte Daten). YLF1 ist für die Generierung eines Lichtpuls-regulierten Systems von Interesse, da es zwei verschiedene LOV-Domänen enthält, welche sich in ihrer Relaxationskinetik unterscheiden. Bei Applikation von Lichtpulsen auf YLF1 würden mehr YtvA- als LfLOV1-Domänen im Lichtzustand vorliegen, da sie langsamer relaxieren. Es konnte bereits gezeigt werden, dass ein Tandem-Konstrukt mit zwei verschiedenen PAS-Domänen auf unterschiedliche Input-Signale (O_2 und Blaulicht) reagiert und beide Signale kooperativ in eine biochemische Antwort integrieren kann (Möglich, et al., 2010). Durch Mutagenese konnte bereits die Signalabhängigkeit von YF1 von Blaulicht invertiert werden (Gleichmann, et al., 2013) und das Einbringen einer solchen Inverter-Mutation in die YtvA-LOV-Domäne von YLF1 könnte eine YLF1-Mutante generieren, welche weder in Dunkelheit noch unter Blaulicht Kinaseaktivität zeigt, sondern Pulsfrequenz-aktiviert wäre (Abb. 4).

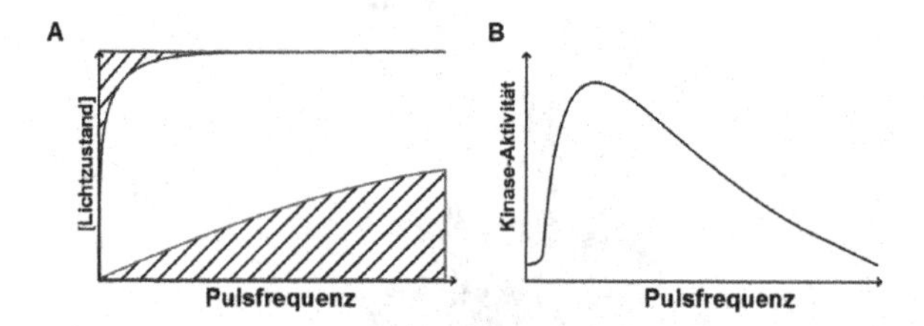

Abb. 4: Funktionsschema einer Lichtpulsfrequenz-aktivierten YLF1 Mutante. (A) Eine Population von langsam relaxierenden LOV-Domänen (blau) mit Invertermutation würde im Dunkelzustand die höchste Phosphataseaktivität zeigen (schraffierte Fläche), aber schon bei geringen Pulsfrequenzen größtenteils im Lichtzustand vorliegen. Schnell relaxierende LOV-Domänen (rot) würden nur bei höheren Pulsfrequenzen größtenteils im Lichtzustand vorliegen und Phosphataseaktivität zeigen. **(B)** Eine Signalintegration dieser zwei LOV-Domänen in YLF1, könnte zu Kinaseaktivität bei einer intermediären Pulsfrequenz führen.

1.5 Die Expressionssysteme pDusk und pDawn

Um die Licht-regulierte Histidin-Kinase Aktivität von YF1 oder YLF1 in einem einfachen Messverfahren bestimmen zu können, wurden die Ein-Plasmid-Systeme pDusk und pDawn entwickelt (Ohlendorf, et al., 2012), welche auf dem Plasmid pET-28-c(+) basieren. Von diesem Plasmid werden YF1 und FixJ durch den konstitutiven Promoter $LacI_q$ transkribiert. Phosphoryliertes FixJ kann an den Promoter FixK2 binden und so die Expression des fluoreszierenden Reporterproteins DsRed Express2 (Strack, et al., 2008) induzieren, dessen Sequenz in die *multiple cloning site* (MCS) insertiert ist. Unter Blaulicht wird FixJ dephosphoryliert und bindet nicht an den Promoter wodurch keine DsRed-Expression stattfindet (s. Abb. 5). Das Plasmid pDawn ist eine Modifizierung von pDusk. Dabei wurde ein Inverter-Baustein in pDusk über die XbaI-Schnittstelle insertiert. In pDawn wird daher im Dunkeln der Repressor cI vom Promoter FixK2 transkribiert. Dieser Repressor bindet dann an den Promoter pR und inhibiert die Transkription des Reportergens. Unter Blaulicht wird der Repressor nicht exprimiert und die Transkription des Reportergens findet statt (s. Abb. 5). pDawn zeigt somit eine umgekehrte Lichtantwort zu pDusk.

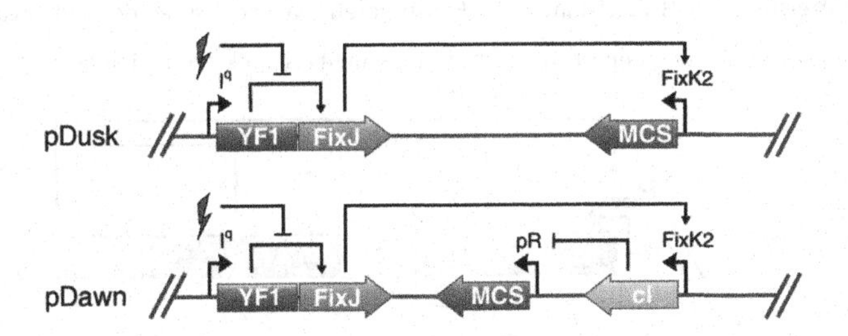

Abb. 5: Ausschnitt aus dem Aufbau der Plasmide pDusk und pDawn nach Ohlendorf et al., (2012). In pDusk hemmt Blaulicht die Expression vom FixK2 Promoter. In pDawn hingegen induziert Blaulicht die Expression vom pR Promoter.

Mittels dieser Expressionssysteme kann indirekt die biochemische Aktivität des Zwei-Komponenten-System YF1/FixJ quantifiziert werden, indem die Fluoreszenz des exprimierten DsRed gemessen wird. Darüber hinaus ermöglicht das pDusk/pDawn-System die Proteinexpression ohne den Zusatz induzierender Reagenzien, wie z.B. IPTG, ist reversibel und erlaubt zeitliche und räumliche Kontrolle der Expression.

1.6 Das Zwei-Komponenten-System TodST

Um das bereits erwähnte Ziel zu erreichen, über zwei verschiedene Licht-abhängige Signalwege die Expression von zwei verschiedenen Genen zu regulieren, musste ein weiteres Licht-reguliertes TCS etabliert werden. Dieses sollte auf dem TCS TodST aus *Pseudomonas putida* basieren.

TodST setzt sich aus der HK TodS und dem RR TodT zusammen, welcher an den todX-Promoter (P_{todX}) bindet. TodST reguliert zusammen mit den anderen Proteinen aus dem Tod-Operon die Degradation von Toluen und anderen Aromaten in *P. putida* (Lau, et al., 1997 und Mosqueda, et al., 1999). Die annotierte DNA-Sequenz ist auf der GenBank-Webseite unter dem Eintrag Y18245.1 abgelegt (Mosqueda, et al., 1999) Weiterhin zeigt TodST eine geringe basale Aktivität und eine starke (150-fache) Induktion bei Bindung von Toluen (Lacal, et al., 2006). Der Aufbau von TodS aus jeweils 2 PAS-, DHp- und CA-Domänen ist für eine HK relativ komplex. Über diese zahlreichen Domänen wird eine intramolekulare

Phosphotransfer-Kaskade gebildet: Die Bindung von Toluen an PAS1 führt zur Phosphorylierung von DHp1 und zum Transfer dieses Phosphats auf die *response regulator receiver*-Domäne 1 (RRR1). RRR1~P führt zur Phosphorylierung von DHp2, dessen Phosphat dann auf die RRR2-Domäne von TodT übertragen wird. TodT~P bindet dann an P_{todX} und induziert die Expression des Tod-Operons (Abb. 6). Silva-Jiménez et al. (2012) konstruierten durch Deletion von DHp1, CA1, RRR1 und PAS2 eine prototypische Version von TodS, welche nur noch aus PAS1, DHp2 und CA2 bestand und min-TodS genannt wurde. Es konnte demonstriert werden, dass auch min-TodST durch Induktion mit Toluen Aktivität zeigt, was die Möglichkeit aufzeigte, eine Histidin-Kinase zu konstruieren, welche aus einer Licht-regulierten LOV-Domäne als Sensordomäne und den DHp2- und CA2-Domänen als Effektordomäne besteht.

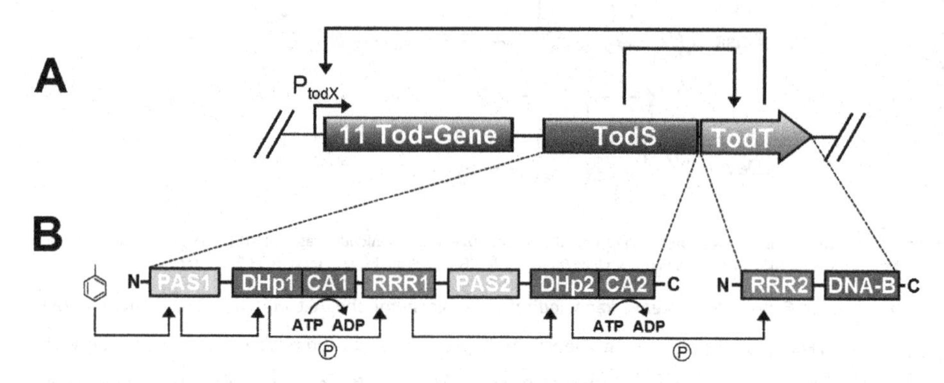

Abb. 6: Das Tod-Operon und die Domänen der Proteine TodS und TodT. (A) Von dem Promoter P_{todX} werden alle Gene des Operons transkribiert, TodS und TodT sind in Leserichtung die letzten von insgesamt 13 Genen. **(B)** Die Domänen von TodS und TodT sind dargestellt. Pfeile zeigen die Weiterleitung des Toluen-Signals an. PAS: Per-Arnt-Sim Domäne, DHp: Dimerisierung und Histidin-Phosphotransfer-Domäne, CA: Katalytische Domäne, RRR; *Response-Regulator-Receiver*-Domäne, DNA-B: DNA-Binde-Domäne.

1.7 Zielstellung der Arbeit

In der vorliegenden Arbeit sollten die Grundlagen für einen genetischen Schaltkreis gelegt werden, welcher zwar nur mit Blaulicht einer Wellenlänge reguliert wird, jedoch zwischen drei Zuständen wechseln kann: (1) Keine Induktion von Proteinexpression, (2) Expression von Promoter A oder (3) Expression von Promoter A und B. Dies sollte erreicht werden, indem zwei orthogonale, Licht-regulierte Zwei-Komponenten-System etabliert werden, welche sich in der Relaxationskinetik ihrer LOV-Photorezeptor-Domänen unterscheiden. Würden Blaulichtpulse mit einer gewissen Frequenz auf die Photorezeptor-Mutanten appliziert werden, so sollten sich schnell oder langsam relaxierende Varianten in ihrer biochemischen Antwort unterscheiden. LOV-Photorezeptoren, welche nach Beleuchtung vergleichsweise schnell in den Dunkelzustand zurückkehren, würden bei Blaulicht-Pulsen größtenteils im Dunkelzustand vorliegen, wohingegen langsam relaxierende LOV-Photorezeptoren größtenteils im Lichtzustand vorliegen würden (Abb. 7). Dies könnte die separate Aktivierung von zwei LOV-

Photorezeptor-Mutanten durch Lichtpulse und somit die separate Induktion zweier Zwei-Komponenten-Systeme ermöglichen. Eine Bedingung dafür war, dass die Varianten, wie in Abb. 7 gezeigt, über eine sigmoidale Abhängigkeit von der Pulsfrequenz verfügen. Möglich et al., (2009) konnten bereits zeigen, dass YF1-WT nach einer Bleichung durch Blaulicht mit einer zeitlichen Verzögerung in der Kinaseaktivität reagiert, was zu einer sigmoidalen Kinetik führt. Dies wurde auf die dimere Struktur von YF1 zurückgeführt.

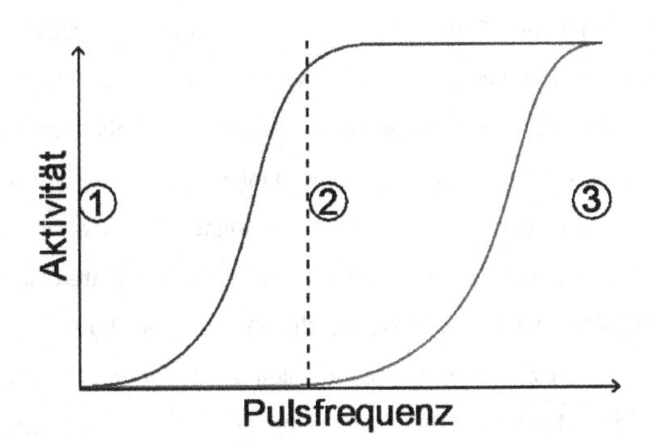

Abb. 7: Kinaseaktivität von hypothetischen YF1- oder LF1-Varianten in Abhängigkeit von der Frequenz der applizierten Blaulichtpulse. Es sind die Profile einer schnell relaxierenden Variante (rot) und einer langsam relaxierenden Variante (blau) im pDawn-Kontext abgebildet. **(1)** In Dunkelheit würde kein Photorezeptor Genexpression induzieren. **(2)** Bei einer konkreten Lichtpulsfrequenz (gestrichelte Linie) würde die langsame Variante Expression induzieren, die schnelle hingegen nicht. **(3)** Unter nahezu konstantem Blaulicht würden beide Photorezeptoren Genexpression induzieren.

Projekt 1: Bestimmung der Kinaseaktivität von YF1- und LF1- Varianten unter gepulstem Licht

Die Zielstellung des ersten Projekts war, schnell und langsam relaxierende Varianten zu identifizieren. Dafür sollten zunächst YF1- und LF1-Mutanten durch zielgerichtete Mutagenese generiert werden. Diese sollten aufgereinigt und photospektrometrisch *in vitro* vermessen werden, um die Relaxationskinetiken zu bestimmen. Dann sollte die Kinase/Phosphatase-Aktivität der Mutanten in Abhängigkeit von Lichtpulsfrequenzen und –intensitäten *in vivo* untersucht werden. Dies sollte in dem pDusk- und pDawn-Expressions-System durchgeführt werden.

Projekt 2: Konstruktion eines Licht-regulierten und zu pDawn orthogonalen Expressionssystems

Das Zwei-Komponenten-System TodST sollte die Grundlage für das orthogonale Expressionssystem bilden. Durch den Einsatz von Fusions-PCR und Klonierungstechniken sollte TodT auf das prototypische min-TodT verkürzt werden und anstatt der Domäne PAS1 sollte eine LOV-Domäne aus YtvA oder LfLOV1 mit der Histidin-Kinase fusioniert werden. Anschließend sollte das Fusionskonstrukt in das Plasmid pDusk eingebracht werden. In das so konstruierte Plasmid soll ein Inverter-Baustein eingefügt werden, welcher, wie in pDawn, einen Repressor kodiert, welcher die Expression von einem dazugehörigen Promoter unterdrückt. Der dafür eingesetzte Repressor und der Operator an welchen er bindet, mussten auch orthogonal zu dem in pDawn eingesetzten Inverter sein. Das Ergebnis sollte also ein zu pDawn ähnliches Plasmid sein, in welchem alle in Abb. 5 dargestellten Bausteine durch funktionelle Homologe ausgetauscht sind.

Projekt 3: Mutagenesestudien an der Licht-regulierten Histidin-Kinase YLF1

In dem in Projekt 2 beschriebenen System könnte nur von Promoter A ODER (A UND B) exprimiert werden, obwohl es auch von Interesse wäre ausschließlich von einem Promoter exprimieren zu können. Daher sollte ein Photorezeptor generiert werden, welcher ausschließlich bei einer bestimmten Pulsfrequenz Genexpression induziert und nicht im Dunkel oder unter konstantem Blaulicht. Das Tandem-Konstrukt YLF1 wäre dafür möglicherweise geeignet (s. Abb. 4). Da einige vorläufige Experimente in dieser Arbeitsgruppe keine Mutanten mit den gewünschten Eigenschaften generieren konnten, soll in der vorliegenden Arbeit durch Mutagenesestudien versucht werden, die Signalintegration in YLF1 besser zu verstehen. Dafür sollen durch Randomisierung der LF1-Domäne mit der MEGAWHOP-Methode (Miyazaki, 2011; Gleichmann et al., 2013) und anschließendes *Screening* mithilfe des pDusk-Systems Invertermutanten und konstitutiv aktive Mutanten von LF1 identifiziert werden. Diese sollen dann in YLF1 eingebracht werden und so erzeugte YLF1-Mutanten sollen auf ihre Aktivität im pDusk System hin untersucht werden.

2 Material und Methoden

2.1 Materialien

2.1.1 Geräte und Verbrauchsmaterialien

5424 R Centrifuge	Eppendorf
5810 R Centrifuge	Eppendorf
8453 UV-Vis Photometer	Agilent
96 Well 400 µL Microplate, non-binding	greiner bio-one
A-4-81 Ausschwingrotor	Eppendorf
Adafruit NeoPixel NeoMatrix 8x8	Adafruit industries
ÄKTAprime plus Chromatographie System	GE Healthcare
Analog Dry Block Heater	VWR
Arduino Uno R3 Mikrocontroller	Arduino
Avanti® J-E Centrifuge	Beckman Coulter
BINDER Inkubator - Serie BD	BINDER
BioPhotometer™ Plus	Eppendorf
Breadboard Holder	EXP GmbH
BREATHseal™ Abdeckfolie	greiner bio-one
Cuvettes Plus™ Electroporation Cuvettes	VWR
Digital Mini Incubator	VWR
Elektrolyt-Kondensator (470 µF)	Conrad Electronic SE
Eporator®	Eppendorf
Gel iX Imager	Intas Science Imaging
Heraeus™ Labofuge™ 400 R	Thermo Scientific
HSW NORM-JECT® Einmalspritzen	Henke-Sass, Wolf
Incubator BF-Serie	Binder
Infinite® 200 Pro mit Quad4 Monochromator™	Tecan
Innova® 44 Shaker	New Brunswick Scientific
JA-10 Rotor	Beckman Coulter
JA-25.50 Rotor	Beckman Coulter
Kryoröhrchen	VWR
Labor-pH-Meter 765	Knick
Lasersicherheitsbrille	Univet® Optical Technologie
Mini-PROTEAN® Tetra Cell	Bio-Rad Laboratories
Minisart® NML Syringe Filters 17598	Sartorius
MR-Hei-Standard	Heidolph-Instruments
PowerPac™	Bio-Rad Laboratories
Präzisionsküvetten aus Quarzglas Suprasil®	Hellma
Protino ® Ni-NTA Säulen	Macherey-Nagel
Rundbodenröhrchen (14 mL), Polystyrol	BD Falcon

Sonifier® S-250D	Branson
Spin-X UF 6 Konzentrator	Corning
Stuart Rotator SB3	Bibby Scientific Limited
Thermo Scientific Monoshake	Thermo Scientific
Wide Mini-Sub® Gel Chamber	Bio-Rad Laboratories
ZelluTrans Dialysiermembranen T2	Roth

2.1.2 Chemikalien

10× Cloned Pfu DNA polymerase reaction buffer	Agilent
10x FastAP Reaktionspuffer	Fermentas
10x T4 DNA Ligase Puffer	Fermentas
5x HF Phusion DNA polymerase reaction buffer	Fermentas
6x Orange DNA Loading Dye	Fermentas
Acrylamid-, Bisacrylamid-Lösung, 40 % (w/v)	Roth
Agar	Roth
Ammoniumperoxodisulfat (APS)	Roth
Bromophenol Blau	Roth
cOmplete ULTRA Tablets, EDTA-free	Roche Diagnostics
Coomassie Brilliant Blue G 250	neoLab Migge Laborbedarf
Desoxycytidintriphosphat (dCTP)	Fermentas
Desoxynukleosidtriphosphat (dNTP)	Fermentas
Desoxythymidintriphosphat (dTTP)	Fermentas
Essigsäure	Roth
Ethanol	VWR
Ethylendiamintetraacetat (EDTA)	Roth
FastDigest® Reaktionspuffer	Fermentas
Glycerin wasserfrei	AppliChem
HisPur Ni-NTA Resin	Thermo Scientific
Imidazol	AppliChem
Isopropyl-β-D-thiogalactopyranosid (IPTG)	Roth
Kanamycinsulfat	Roth
LB-Broth	Amresco
Magnesiumchlorid ($MgCl_2$)	Fermentas
Manganchlorid ($MnCl_2$)	Fermentas
Methanol	VWR
Midori Green Advanced DNA Stain	Nippon Genetics Europe
N, N, N', N'-Tetramethylethylendiamin (TEMED)	Roth
Natriumchlorid (NaCl)	AppliChem
Natriumdodecylsulfat (SDS)	Roth
Salzsäure (HCl)	VWR
Tris(hydroxymethyl)-aminomethan (Tris)	VWR
β-Mercaptoethanol	VWR

2.1.3 Biologische Materialien

DpnI Endonuclease	Agilent
E. coli BL21	Life Technologies
E. coli DH10B	Life Technologies
FastAP Thermosensitive Alkaline Phosphatase	Fermentas
FastDigest® Restriktionsenzyme	Fermentas
GeneRuler 1 kbp Plus	Fermentas
pDawn Plasmid	(Ohlendorf, et al., 2012)
pDusk Plasmid	(Ohlendorf, et al., 2012)
pET-41 c(+) Plasmid	Novagen
PfuTurbo Hotstart DNA Polymerase	Agilent
Phusion DNA Polymerase	Fermentas
pMIR66 Plasmid	(Ramos-Gonzalez, et al., 2002)
pMIR77 Plasmid	(Ramos-Gonzalez, et al., 2002)
T4 DNA Ligase	Fermentas
Taq DNA Polymerase	Fermentas

2.1.4 Puffer und Lösungen

Niedrigsalz-Puffer:

50 mM Tris/HCl, pH 8.0

20 mM NaCl

20 mM Imidazol

Hochsalz-Puffer:

50 mM Tris/HCl, pH 8.0

1 M NaCl

Dialyse-Puffer:

10 mM Tris/HCl, pH 8.0

10 mM NaCl

10% (v/v) Glycerin

4x SDS-Ladepuffer:

0.2 M Tris/HCl pH 6.8

8 % (w/v) SDS

40 % (v/v) Glycerin

4 % (v/v) β-Mercaptoethanol

50 mM EDTA

0.08 % (w/v) Bromophenol Blau

Coomassie Blue-Färbelösung

0.2 % (w/v) Coomassie Brilliant Blue G 250

41 % (v/v) Ethanol

5 % (v/v) Methanol

10% (v/v) Essigsäure

2.1.5 Medien und Nährboden für *E. coli*

Luria-Bertani (LB)-Medium:

25 g LB-Broth mit dest. Wasser auf 1 L auffüllen

LB-Kan-Medium:

LB-Medium mit 50 mg/L Kanamycinsulfat

LB-Kan-Agar:

LB-Kan-Medium mit 10 g/L Agar

2.2 Molekularbiologische Methoden

2.2.1 Zielgerichtete Mutagenese

Um gezielt Mutationen in DNA-Sequenzen einzubringen, wurde eine mutagene Polymerase-Kettenreaktion (PCR) (Saiki, et al., 1988) eingesetzt. Die verwendeten Primer waren 20-30 Bp lang und trugen jeweils die gewünschte Mutation. Die PCR wurde gemäß Tab. 1 angesetzt und dem Protokoll in Tab. 2 entsprechend durchgeführt. Auf diese Weise wurden in der PCR ganze Plasmide mit den jeweiligen Mutationen amplifiziert.

Tab. 1: Reaktionsansatz für die zielgerichtete Mutagenese

10 x *Pfu* cloned Reaction Puffer
0.25 mM je dNTP
20 pmol *forward* primer
20 pmol *reverse* primer
5 ng Plasmid
2.5 U *Pfu* Turbo-Hotstart DNA Polymerase
Mit H_2O auf 25 µL ergänzen

Tab. 2: PCR-Protokoll für die zielgerichtete Mutagenese

Temp. (°C)	Zeit (mm:ss)	
95	00:30	
95	00:30	
54	01:00	x22
68	10:00	
68	10:00	
10	unbegrenzt	

Anschließend wurden die parentalen, methylierten Plasmide verdaut. Dazu wurde das PCR-Produkt mit 2.5 U DpnI versetzt und 90 Minuten bei 37°C inkubiert. Abschließend wurde der Ansatz mit dem Nucleospin® Gel and PCR Clean-Up Kit von Macherey-Nagel aufgereinigt und in 30 µL Elutionspuffer (5 mM Tris/HCl, pH 8.5) eluiert.

2.2.2 Fehleranfällige PCR (epPCR)

Um eine Bibliothek an LF1-Mutanten zu erzeugen wurde eine fehleranfällige Polymerasekettenreaktion (epPCR) durchgeführt. Mit der epPCR wird ein DNA-Fragment amplifiziert, wobei zufällige Mutationen eingeführt werden. Die hohe Rate an Mutationen, verglichen mit konventioneller PCR, resultiert aus der Verwendung der *Taq*-DNA-Polymerase, welche, anders als z.B. die *Pfu*-DNA-Polymerase, nicht über eine Korrekturlese-Funktion verfügt. Weiterhin wurden erhöhte Konzentrationen von dCTP und dTTP eingesetzt, um deren Einbau zu begünstigen und es wurden erhöhte $MgCl_2$ Konzentrationen eingesetzt, um nicht-komplementäre Basenpaare zu stabilisieren. Der Ansatz ist in Tab. 3 beschrieben. In manchen Versuchen wurde auch Manganchlorid in Konzentrationen von 25 oder 50 µM zugegeben um die Mutationsrate weiter zu erhöhen (Cirino, et al., 2003). Die PCR wurde nach dem Protokoll in Tab. 4 durchgeführt.

Tab. 3: Reaktionsansatz für die epPCR

10x*Taq* Polymerase Puffer (mit KCl)
6.5 mM $MgCl_2$
0.2 mM pro dNTP
0.8 mM dCTP
0.8 mM dTTP
30 pmol *forward* Primer
30 pmol *reverse* Primer
2 fmol Plasmid
2.5 U *Taq* DNA-Polymerase
Mit H_2O auf 50 µl ergänzen

Tab. 4: PCR-Protokoll für die epPCR

Temp. (°C)	Zeit (mm:ss)	
94	00:30	
94	00:30	x30
57.5	00:30	x30
72	00:35	x30
72	07:00	
10	unbegrenzt	

Das PCR-Produkt wurde anschließend mittels Gelelektrophorese in einem 1%igen Agarosegel aufgetrennt, die randomisierten DNA-Stränge (Megaprimer) wurden mit dem Nucleospin® Gel and PCR Clean-Up Kit von Macherey-Nagel aufgereinigt und in 40 µl Elutionspuffer eluiert.

2.2.3 Megaprimer-PCR an ganzen Plasmiden (MEGAWHOP)

Um die Mutationen in LF1 einzubringen wurde eine Megaprimer-PCR an ganzen Plasmiden (MEGAWHOP) durchgeführt (Miyazaki, 2011). Dabei lagern sich die Megaprimer (s. 2.2.2) an deren komplementäre Sequenz im Ausgangsplasmid an. Von den Primern ausgehend wird das restliche Plasmid in der PCR synthetisiert und amplifiziert und beinhaltet daher die, in der epPCR generierten, Mutationen, welche die Megaprimer trugen. Das Protokoll für den Reaktionsansatz ist in Tab. 5 und das Protokoll für die PCR in Tab. 6 beschrieben. Beide Protokolle sind zunächst aus Gleichmann et al. (2013) übernommen worden und wurden dann modifiziert. Dabei war ein maßgeblicher Unterschied die Einführung der Zwei-Schritt-PCR nach Miyazaki (2011).

Tab. 5: Reaktionsansatz für die MEGAWHOP

10 x *Pfu* cloned Reaction Puffer
0.8 mM pro dNTP
450 ng Megaprimer
50 ng Plasmid
2.5 U *Pfu* Turbo-Hotstart DNA Polymerase
Mit H_2O auf 25 µl ergänzen

Tab. 6: PCR-Protokoll für die MEGAWHOP

Temp. (°C)	Zeit (mm:ss)	
68	05:00	
98	02:00	
98	00:10	x24
68	12:00	
68	12:00	
10	unbegrenzt	

Das PCR-Produkt wurde anschließend für 60 Minuten bei 37°C mit 5 U DpnI inkubiert um die parentalen Plasmide zu verdauen. Dann wurde der Ansatz mit dem Nucleospin® Gel and PCR Clean-Up Kit von Macherey-Nagel aufgereinigt und in 30 µL Elutionspuffer (5 mM Tris/HCl, pH 8.5) eluiert.

2.2.4 Fusions-PCR

Für die Konstruktion von Fusionsproteinen wurde die Fusions-PCR eingesetzt. Prinzipiell besteht diese aus zwei Schritten, der Verlängerungs-PCR (*Extension*-PCR) und der echten Fusions-PCR. Bei der Verlängerungs-PCR wurden die zwei zu fusionierenden Stränge separat mit je zwei Primern amplifiziert. Diese Primer binden mit ca. 20 Bp an die Enden der Stränge und verfügen über einen Überhang von ca. 10 Bp. Die zwei Überhänge an den zu fusionierenden Ende der DNA-Stränge waren revers komplementär zueinander, sodass mithilfe der Verlängerungs-PCR eine insgesamt 30 Bp lange, revers komplementäre Sequenz generiert wurde. Durch Bindung über diese Sequenz konnte ein einzelner, zusammenhängender DNA-Strang aus den zwei ursprünglichen DNA-Strängen gebildet werden (s. Abb. 8). Nach Bedarf kann das fertige Produkt nochmals mit den End-Primern amplifiziert werden, um die DNA-Menge zu erhöhen. Die Sequenzen, welche an den nicht zu fusionierenden Enden überhängen, beinhalten eine Restriktionsschnittstelle um das fusionierte Konstrukt in das gewünschte Plasmid zu klonieren (s. 2.2.5).

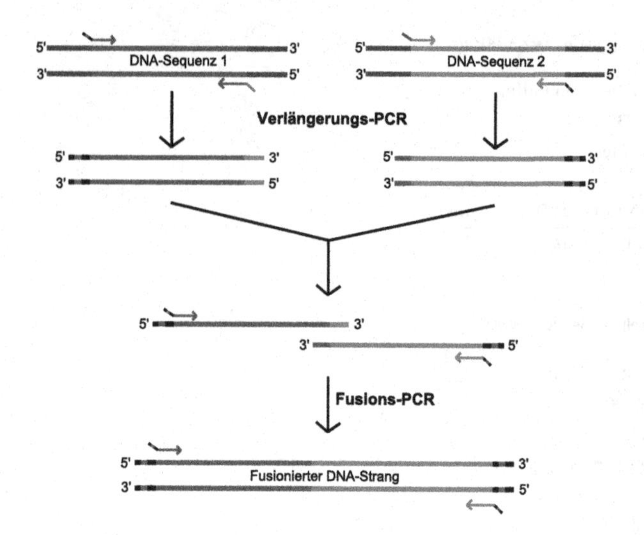

Abb. 8: Schematischer Ablauf einer Fusions-PCR. Die zu fusionierende DNA-Sequenz 1 ist in blau und DNA-Sequenz 2 in grün dargestellt. Die Restriktionsschnittstellen sind rot markiert. Die Pfeile stellen Primer und die Pfeilspitzen die 5'-Enden der Primer dar.

Der Ansatz für die Verlängerungs-PCR ist in Tab. 7 und das PCR-Protokoll in Tab. 8 beschrieben. Der PCR-Ansatz wurde nach der PCR mittels Gelelektrophorese in einem 1%igen Agarosegel aufgetrennt, das Gel wurde mit Midori Green DNA Stain gefärbt und die DNA- Fragmente unter UV-Licht sichtbar gemacht. Die gewünschten, verlängerten Fragmente wurden aus dem Gel ausgeschnitten und mit dem Nucleospin® Gel and PCR Clean-Up Kit von Macherey-Nagel aufgereinigt und in 30 µL Elutionspuffer (5 mM Tris/HCl, pH 8.5) eluiert.

Tab. 7: Ansatz der Verlängerungs-PCR und Fusions-PCR

5 x HF Phusion Puffer
0.25 mM je dNTP
20 pmol *forward* Primer
20 pmol *reverse* Primer
10 ng je Template
0.5 U *Phusion* DNA Polymerase
Mit H_2O auf 25 µl ergänzen

Tab. 8: Protokoll der Verlängerungs-PCR und Fusions-PCR

Temp. (°C)	Zeit (mm:ss)
98	03:00
98	00:30 ← x 33
59	00:30
72	00:45
72	05:00
10	unbegrenzt

Für die Fusions-PCR wurde wieder der Ansatz in Tab. 7 und das Protokoll in Tab. 8 verwendet. Das PCR-Produkt wurde anschließend wie beschrieben per Gelelektrophorese aufgereinigt.

2.2.5 Klonierung von DNA-Sequenzen in Plasmide

Um DNA-Abschnitte in Plasmide zu insertieren, mussten Insert und Vektor mit Restriktionsenzymen verdaut werden. Der Vektor musste anschließend dephosphoryliert werden und schließlich wurden Insert und Vektor ligiert. Der Verdau fand nach dem Ansatz in Tab. 9 statt:

Tab. 9: Restriktionsansatz für Klonierung

4 µg DNA
1.5 µL je Restriktionsenzym
5 µL FastDigest Puffer
Mit H_2O auf 50 µL ergänzen

Der Ansatz wurde für 60 Minuten bei 37°C inkubiert. 15 Minuten vor Ende des Verdaus wurde 1 U Fast Alkaline Phosphatase zu dem Ansatz hinzugegeben, der den Vektor enthielt. Die Produkte wurden mittels Gelelektrophorese in einem 1%igen Agarosegel aufgetrennt, das Gel wurde mit Midori Green DNA Stain gefärbt und die DNA- Fragmente unter UV-Licht sichtbar gemacht. Insert und Vektor wurden aus dem Gel ausgeschnitten und mit dem Nucleospin® Gel and PCR Clean-Up Kit von Macherey-Nagel aufgereinigt und in 30 µL Elutionspuffer (5 mM Tris/HCl, pH 8.5) eluiert.

Für die Ligation von Insert und Vektor wurde der Ansatz in Tab. 10 verwendet:

Tab. 10: Ligationsansatz

2 µL Vektor (50 ng)
6 µL Insert
1 µL T4 DNA Ligase Puffer
1 µL T4 DNA Ligase
Mit H_2O auf 10 µL ergänzen

Die Konzentration des Inserts wurde stets so eingestellt, dass dessen Molarität dreimal höher als die des Vektors war. Der Ansatz wurde 30 min bei Raumtemperatur und dann über Nacht bei 4°C inkubiert. Anschließend wurden die gesamten 10 µL für eine Transformation in *E. coli* (s. Kap. 2.3.1) verwendet und auf LB-Kan-Agar-Platten ausgestrichen. Gegebenenfalls wurden die Bakterienkolonien unter 50 µW/cm² Blaulicht angezogen, um über die Induktion der DsRed-Expression korrekt ligierte Konstrukte zu identifizieren. Danach wurde das Plasmid aus der transformierten Bakterienkultur aufgereinigt.

2.2.6 Mini-Präparation von Plasmiden aus *E. coli*

5 mL LB-Kan-Medium wurden mit *E. coli* angeimpft. Die Kultur wurde über Nacht (min. 16 h) bei 37°C in dem Stuart Rotator SB3 bei 30 rpm angezogen. Anschließend wurde die Kultur 10 min bei 3000xg zentrifugiert, der Überstand wurde verworfen und das Plasmid aus dem Pellet mit dem Nucleospin® Plasmid DNA Purification Kit von Macherey-Nagel aufgereinigt. Das Plasmid wurde in 40 µL Elutionspuffer (5 mM Tris/HCl, pH 8.5) eluiert.

2.2.7 Analytischer Restriktionsverdau

Um auf die Anwesenheit eines Inserts zu prüfen, wurden 2 µL der erhaltenen Plasmidlösung, 1 µL Fast Digest Puffer und je 2.5 U der Restriktionsenzyme in einem Ansatz mit bidest. H_2O auf 10 µL aufgefüllt. Der Ansatz wurde 30 - 60 Minuten, abhängig von dem Restriktionsenzym, bei 37°C inkubiert, oder kürzer, falls die Restriktionsenzyme nach 60 Minuten unspezifische Restriktionsaktivität zeigen. Anschließend wurde der Ansatz in einem 1-%igen Agarosegel aufgetrennt, das Gel wurde mit Midori Green gefärbt und unter UV-Licht sichtbar gemacht.

2.3 Mikrobiologische Methoden

2.3.1 Transformation von *E. coli* durch Hitzeschock

50 µL chemisch kompetente *E. coli* Zellen des Stamms DH10b wurden auf Eis aufgetaut, mit der zu transformierenden DNA gemischt und für 20-30 Minuten auf Eis belassen. Hierfür wurden entweder 5 µL PCR-Produkt oder 10 µL ligiertes Konstrukt eingesetzt. Anschließend wurde die Zellsuspension für 75 Sekunden auf 42°C erwärmt und dann 3 Minuten auf Eis gekühlt. Daraufhin wurde 500 µL LB-Medium zu der Suspension gegeben und diese eine Stunde bei 37°C und 650 rpm inkubiert. Die Bakteriensuspension wurde 5 Minuten bei 3500 rcf zentrifugiert, der Überstand wurde bis auf ca. 50 µL verworfen, die Zellen darin resuspendiert und auf einer Agarplatte mit 50 µg/mL Kanamycin ausgestrichen. Die Platten wurden ca. 16 h bei 37°C inkubiert.

2.3.2 Transformation und *screening* einer randomisierten Plasmid-Bibliothek

E. coli DH10b wurden wie in 2.3.1 mit 5 µL PCR-Produkt aus der MEGAWHOP transformiert und ausplattiert. Die Platten wurden ca. 16 h bei 37 °C unter Blaulicht (470 nm, 50 µW/cm²) inkubiert. Die gewachsenen Kolonien wurden mit Blaulicht bei 450 nm beleuchtet. Die Fluoreszenz von exprimiertem DsRed konnte durch einen Tiefpass-Filter mit einem *cut-off* um 535 nm mit dem Auge bestimmt werden.

2.3.3 Transformation von *E. coli* durch Elektroporation

50 µL elektrokompetente CmpX13 *E.coli* Zellen (Mathes, et al., 2009) wurden auf Eis aufgetaut, während die Elektroporationsküvetten auf Eis gekühlt wurden. Es wurden 0.5 µL des zu transformierenden Plasmids zu den Zellen gegeben und mit der Suspension durch Auf- und Abpipettieren vermischt. Anschließend wurden die Zellen im Eppendorf Eporator ® bei 1.7 kV elektroporiert. Unmittelbar danach wurden 150 µL LB-Medium hinzugegeben und die Zellen in der Elektroporationsküvette 1 - 1.5 Stunden bei 37°C inkubiert. Von der Suspension wurden dann 10 µL auf Agarplatten mit 50 µg/mL Kanamycin ausplattiert. Die Platten wurden mindestens zwölf Stunden bei 37 °C inkubiert.

2.3.4 Anlegen eines Glycerin-Stocks von CmpX13 *E. coli* Zellen

Es wurden 5 mL LB-Medium (50 µg/mL Kanamycin) mit einer Kolonie von einer Agarplatte angeimpft und ca. 16 h bei 37°C und 30 rpm im Stuart Rotator inkubiert. Von der Suspension wurde 1 mL mit 500 µL Glycerin in einem sterilen Cryo-Röhrchen gemischt und anschließend bei -80°C eingefroren.

2.3.5 Inkubation von *E.coli* CmpX13 für *in vivo* Kinase-Aktivitäts-*Assays*

Die Inkubation der Kulturen wurde in verschiedenen Formaten durchgeführt. In jedem Format wurden zuerst 5 mL LB-Kan-Medium mit einer Bakterienkolonie von einer Agar-Platte angeimpft. Falls keine, maximal zwei Tage alte, Platte mit Kolonien verfügbar war, wurden Bakterien aus einem Glycerin-Stock neu auf einer Platte ausgestrichen und über Nacht bei 37 °C inkubiert.

2.3.5.1 Inkubation für Quantifizierung des Licht-Dunkel-Unterschieds

Das folgende Format wurde für die weitere Vorgehensweise gewählt, wenn das Ziel die Quantifizierung der maximalen Licht-regulierten Induktion der DsRed-Expression war. Es wurde hierfür je 5 mL LB-Kan-Medium in 6 Rundbodenröhrchen von BD Falcon angeimpft und ca. 18 h bei 37°C bei horizontalem Schütteln (225 rpm) im Innova® 44 Schüttler inkubiert. Drei der Kulturen wurden dabei kontinuierlich mit Blaulicht bei einer Wellenlänge von 470 nm und einer Beleuchtungsstärke von 100 µW/cm² bestrahlt und drei andere Kulturen wurden in Dunkelheit inkubiert. Anschließend wurde die Fluoreszenz des exprimierten DsRed in den Kulturen vermessen (s. 2.4).

2.3.5.2 Design des LED-Array-Formats für den Kinase-Aktivitäts-*Assay*

Für Versuche, bei denen die DsRed-Expression unter verschiedenen Lichtbedingungen vermessen wurde, wurde das LED-Array-Format gewählt. Mit diesem Format können Bakterienkulturen in einer 96-*Well*-Mikrotiterplatte inkubiert werden und jeder *Well* kann individuell beleuchtet werden. Der LED-Array setzt sich wie folgt zusammen: Eine 96 *Well*, 400 µl Mikrotiterplatte mit den Kulturen wird auf eine zweite Mikrotiterplatte montiert. Unter dieser zweiten Platte wurde eine LED-Matrix (Adafruit NeoPixel NeoMatrix 8x8) fixiert. Das Licht je einer LED konnte so auf je einen Well mit einer Bakterienkultur fallen wobei die untere Platte den Streuwinkel des einfallenden Lichts reduzieren konnte, um die individuelle Beleuchtung der Kulturen zu gewährleisten. Die *Wells* mit Bakterienkulturen wurden mit einer sauerstoffdurchlässigen Folie abgedeckt und so vor Verdunstung geschützt. Dieser Aufbau konnte in einem Thermo Scientific Monoshake geschüttelt werden. Dabei wurde außerdem ein Abstandhalter von 1 cm zwischen Schüttler und LED-Array eingebaut, um einen Hitzestau zu vermeiden. Die Beleuchtungsfarbe, -stärke und –dauer wurde den LEDs über einen Arduino Uno Microcontroller mithilfe der Adafruit_Neopixel *library* zugewiesen.

Für die Inkubation der Kulturen wurde zunächst eine 5 mL-Vorkultur mit LB-Kan-Medium am Tag des Experiments angeimpft. In der oberen Mikrotiterplatte wurde dann pro *Well* ein Gesamtvolumen von 300 µL LB-Kan-Medium eingesetzt. Dieses Medium wurde mit der Vorkultur so angeimpft, dass die Ausgangszelldichte in jedem *Well* OD_{600} = 0.05 entsprach. Die Ansätze wurden daraufhin bei 37°C unter horizontalem Schütteln 20 h lang inkubiert. Während der Inkubation erfolgte die Beleuchtung der *E. coli*-Kulturen in jedem *Well* individuell durch je eine LED bei 470±5 nm. Die Beleuchtungsstärken wurden zwischen 0-160 µW/cm² variiert und die Dunkelzeiten, welche auf Blaulichtpulse von 30 s folgten, wurden zwischen 0-60 min variiert. Von jeder Bedingung wurden immer zwei Replika angesetzt. Anschließend wurde die Fluoreszenz des exprimierten DsRed vermessen (s. 2.4).

2.4 Fluoreszenzmessungen von DsRed

Die Bakterienkulturen wurden in einem Infinite 200 PRO Plate Reader von Tecan mit einem Quad4 Monochromator vermessen: Zunächst wurden 60 µL der Zellsuspension mit 240 µL bidest. H_2O gemischt und die OD_{600} bestimmt, welche sich, bei dieser Verdünnung, meist im Bereich um 0.5 befand. Dann wurden 15 µL der verdünnten Suspension mit 285 µL bidest. H_2O weiter verdünnt um die Fluoreszenz des DsRed zu vermessen. Dafür wurde bei 554 nm angeregt und bei 591 nm gemessen. Der *Gain*-Faktor betrug immer 140. Bei allen Messungen wurde auf 22°C temperiert, 5-mal gemessen und zwischen den Messungen 10 Sekunden horizontal geschüttelt um ein Absetzen der Zellen zu vermeiden. Die ermittelten Fluoreszenzwerte wurden dann auf die ermittelten OD_{600}-Werte normiert.

2.5 Proteinbiochemische Methoden

2.5.1 Expression und Aufreinigung von LOV-Photorezeptoren-Mutanten

Die Photorezeptor-Mutanten sollten mithilfe des Plasmids pET-41 c(+) über einen C-terminalen His-Tag aufgereinigt werden (Hochuli, et al., 1988). Die Plasmide pET-41 c(+) mit den Genen für die entsprechenden Photorezeptoren lagen in der Gruppe bereits vor. Die gewünschten Mutanten dieser Photorezeptoren wurden in pET-41 c(+) durch zielgerichtete Mutagenese generiert. Die Plasmide wurden anschließend in *E. coli* CmpX13 Zellen transformiert. Mit diesen Zellen wurde je 1 L LB-Kan Medium, welches 50 µM Riboflavin beinhaltete, angeimpft. Die Kultur wurde bei 37°C und 225 rpm inkubiert, bis eine Zelldichte erreicht wurde, die ungefähr OD_{600}=0.6 entspricht. Dann wurde die Proteinexpression durch Zugabe von IPTG auf eine Endkonzentration von 1 mM induziert. Nach 4 h Inkubation bei 37°C und 225 rpm wurden die Zellen 10 min bei 6000 rpm (JA-10 Rotor) zentrifugiert. Dieser und alle weiteren Schritte fanden bei 4°C oder auf Eis statt. Der Überstand wurde verworfen und das Pellet wurde in 20 ml *Niedrigsalz-Puffer* resuspendiert und 20 min bei 4000 rpm (A-4-81 Rotor) zentrifugiert. Der Überstand wurde verworfen und das Pellet wieder in 30 ml *Niedrigsalz-Puffer* mit einer Proteasehemmer-Tablette resuspendiert. Anschließend wurden die Zellen durch Sonifikation aufgeschlossen (50 % Amplitude, 6 x 30 s). Nach Zentrifugation bei 18,000 rpm (JA-25.50 Rotor) wurde der Überstand, welcher das Protein enthält, durch einen Filter mit der Porengröße 0.45 µm steril filtriert.

Das rekombinante Protein war durch die Expression von dem pET-41 c(+) Plasmid mit einem His-Affinitäts-Tag versehen und konnte daher über eine Ni^{2+}-NTA-Säule (Nickel-Nitrilotriessigsäure) aufgereinigt werden. Diese Säule war an eine ÄKTAprime Plus-FPLC-Anlage angeschlossen, mit welcher die Proteinmenge über die Absorption bei 280 nm bestimmt werden konnte. Die 5 mL Ni^{2+}-Affinitätssäule wurde mit einem Säulenvolumen 1 M Imidazol und zwei Säulenvolumen *Niedrigsalz-Puffer* äquilibriert. Dann wurde die Proteinlösung mit einer Flussrate von 1 mL/min auf die Säule aufgetragen und die Säule wurde mit je zehn Säulenvolumen *Niedrigsalz-Puffer* und *Hochsalz-Puffer* gewaschen. Danach wurde das Protein über einen Gradienten von *Niedrigsalz-Puffer* und 1 M Imidazol in 1 mL Fraktionen eluiert, wobei der Anteil an 1 M Imidazol von 0 auf 100 % über ein Volumen von 60 mL erhöht wurde. Ausgewählte Fraktionen wurden über eine SDS-PAGE (s. 2.5.2) auf ihren Proteingehalt hin untersucht und geeignete Fraktionen wurden vereinigt und über Nacht gegen 2 x 1 L *Dialyse-Puffer* dialysiert. Die Lösung wurde anschließend über einen Filter mit 10 kDa MWCO auf ein Volumen von 1-2 mL aufkonzentriert.

2.5.2 SDS-Polyacrylamid-Gelelektrophorese (SDS-PAGE)

Bei der Durchführung der SDS-PAGE wurde größtenteils nach dem Protokoll von Laemmli (1970) verfahren. Die SDS-Polyacrylamidgele bestehen aus einem 12 %igen Trenngel und einem 4 %igen Sammelgel. Die Zusammensetzung der Gele ist in Tab. 11 beschrieben.

Tab. 11: Zusammensetzung eines SDS-Polyacrylamidgels

		12 %iges Trenngel (6mL)	4 %iges Sammelgel (2 mL)
40 %	Acrylamid	1.92 mL	0.21 mL
1.5 M	Tris/HCl pH 8.8	1.5 mL	-
1 M	Tris/HCl pH 6.8	-	0.25 mL
10 % (w/v)	SDS	60 µL	20 µL
40 %	APS	15 µL	7.5 µL
100 %	TEMED	15 µL	7.5 µL
	H_2O	2.52 mL	1.52 mL

Alle Proben wurden mit *4x Ladepuffer* versetzt und 3 min auf 95°C erhitzt. Die Proben wurden anschließend auf das Gel aufgetragen und bei 40 mA für ca. 60 min per Elektrophorese aufgetrennt. Das Gel wurde anschließend in *Coomassie Blue* erhitzt und angefärbt und in 6 %iger Essigsäure entfärbt, wonach die Proteine im Gel als farbige Banden sichtbar wurden.

2.6 Photometrische Methoden

2.6.1 Bestimmung des Proteingehalts

Die Menge an aufgereinigtem Protein konnte über die Absorption bei 450 nm bestimmt werden, da der Flavin-Kofaktor in YF1 und LF1 bei dieser Wellenlänge im Dunkelzustand über ein Absorptionsmaximum verfügt. Gemessen wurde mit einem Agilent 8453 Spektrometer in Quartzküvetten mit einer Schichtdicke von 1 cm. Die Extinktion bei 600 nm wurde dabei von der Extinktion bei 450 nm abgezogen, um für Streuung des Messlichts zu korrigieren. Mithilfe des Lambert-Beerschen Gesetzes

$$E = \varepsilon_\lambda * c \cdot d$$

E: Extinktion, ε: Extinktionskoeffizient, c: Konzentration, d: Schichtdicke (cm), λ: Wellenlänge (nm)

konnte über den Extinktionskoeffizienten ε_{450}=12,500 M^{-1} cm^{-1} die Konzentration ermittelt werden. Diese lag üblicherweise im Bereich um 300 µM, was bei einem Molekulargewicht von ca. 40 kDa einer Massenkonzentration von 12 mg/mL entspricht.

2.6.2 Kinetische Absorptionsmessungen

Um die Zerfallsgeschwindigkeit des Thioaddukts in YF1 und LF1 zu bestimmen, sollte die Extinktion einer Probe mit Protein, verdünnt in *Dialyse-Puffer*, bei 450 nm über einen Zeitraum von mehreren Stunden hinweg gemessen werden, nachdem es mit Blaulicht gebleicht wurde.

Die Proteinlösung wurde hierfür mit 30 mW/cm² Blaulicht bei 470 nm beleuchtet bis sich die Extinktion der Probe bei 450 nm nicht mehr änderte. Von der Probe wurde dann alle 30 s ein Spektrum im sichtbaren Bereich aufgenommen. Diese Messungen wurden durchgeführt, bis sich die Extinktion bei 450 nm nicht mehr signifikant änderte. Die Probe wurde währenddessen mit einem Peltier-Element auf konstant 22°C temperiert. Die erhaltenen Daten wurden mit *Origin 8.1G* analysiert. Dabei wurde die Extinktion bei 600 nm von der Extinktion bei 450 nm subtrahiert um so die Absorption bei 450 nm zu erhalten. Die resultierenden Daten wurden an eine einfach exponentielle Funktion angepasst um die Zerfallskonstante τ zu erhalten:

$$A_{450}(t) = A_0 * e^{-t/\tau}$$

A_{450}(t): Absorption bei 450 nm zum Zeitpunkt t, **A_0**: Absorption der Probe bei 450 nm im Dunkelzustand

3 Ergebnisse

3.1 Identifizierung und Charakterisierung von LOV-Photorezeptor-Mutanten mit veränderten Zerfallskinetiken

3.1.1 Mutagenese und Bestimmung des Licht-regulierten Dynamikbereichs der Mutanten

Das Ziel war, Photorezeptor-Mutanten zu generieren, welche sich in der Zerfallskinetik des Lichtzustandes hinreichend unterscheiden. LOV-Domänen, welche vergleichsweise langsam in den Dunkelzustand relaxieren, wären unter regelmäßigen Lichtpulsen größtenteils im Lichtzustand, wohingegen LOV-Domänen, welche schneller relaxieren unter geeigneten Lichtpulsen größtenteils im Dunkelzustand vorlägen. Dies würde eine selektive Aktivierung von LOV-Domänen über Lichtpulse ermöglichen. Zu diesem Zweck wurden die Mutanten YF1-V28T, YF1-V28L, YF1-V28I und LF1-L36V erzeugt. Die Homologe dieser Mutationen waren in anderen LOV-Domänen bereits untersucht worden. Mutationen des zu V28 homologen Valins in AsLOV2 (V416) hatten einen starken Einfluss auf die Zerfallsgeschwindigkeit des Photoaddukts (Kawano, et al., 2013) und wurden daher in YF1 untersucht. V28T beschleunigte in AsLOV2 den Photozyklus, wohingegen V28L und V28I ihn verlangsamten. Die Mutante LF1-L36V war durch die homologe Mutante YtvA-I39V motiviert (Zoltowski, et al., 2009), da YtvA-I39V eine beschleunigte Rückkehrkinetik zeigt. Sowohl V28 wie auch I39 befinden sich in der unmittelbaren Umgebung des FMN-Chromophors (Abb. 9).

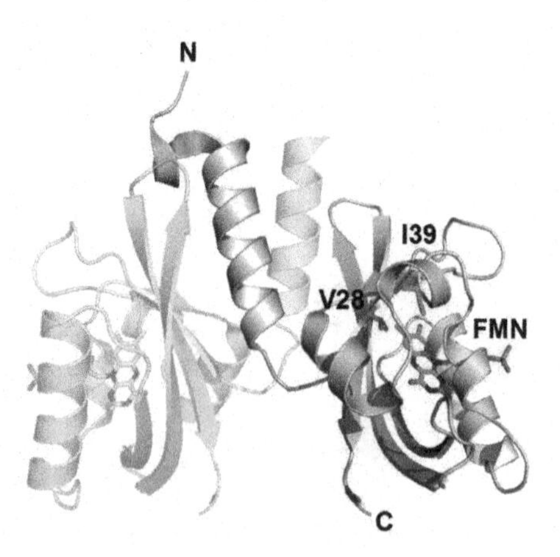

Abb. 9: Kristallstruktur der YtvA-Domäne (PDB: 4GCZ). Die Aminosäuren Val28, Ile39 und der Kofaktor FMN sind grün hervorgehoben.

Zunächst wurde die Kinase/Phosphatase-Aktivität der YF1- und LF1-Mutanten unter Licht- und Dunkelbedingungen untersucht. *E. coli*-Kulturen, welche mit den entsprechenden Plasmiden transformiert waren, wurden unter Blaulicht und im Dunkeln angezogen, woraufhin die DsRed-Expression quantifiziert wurde. Die Ergebnisse sind in Abb. 10 dargestellt. Teilt man die erhaltenen Werte für die induzierte Expression durch die Werte für die basale Expression, erhält man die Induktion als Vielfaches der basalen Expression (Tab. 12).

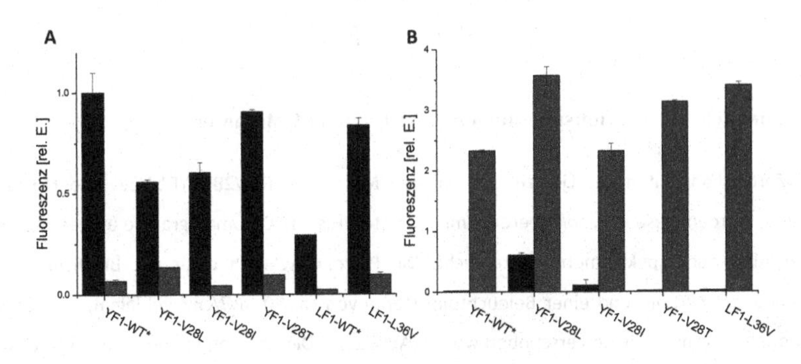

Abb. 10: DsRed-Expression von den Plasmiden pDusk (A) und pDawn (B). Die Bakterien wurden jeweils im Dunkeln (schwarz) und unter Blaulicht (blau) inkubiert. Alle Experimente wurden in Triplika angesetzt, die Fehlerbalken geben die Standardabweichung vom Mittelwert an. * in der Arbeitsgruppe bereits vermessene Daten

LF1-WT zeigt nur eine geringe Kinaseaktivität im Dunkeln und wurde daher für weitere Experimente nicht berücksichtigt. Alle anderen Varianten zeigen in pDusk eine Kinaseaktivität, die um weniger als die Hälfte reduziert ist und wurden daher auch in das pDawn Plasmid eingebracht. Die YF1-Varianten wurden durch Mutagenese von pDawn-YF1-WT erzeugt und pDawn-LF1-L36V wurde generiert, indem die Sequenz, welche für LF1-L36V kodiert, mit MfeI aus pDusk geschnitten und in pDawn kloniert wurde. Die Mutanten YF1-V28T, YF1-V28I und LF1-L36V zeigten in pDawn eine stringente, Licht-abhängige Regulierung und wurden daher für weitere Experimente berücksichtigt. Die Licht-Regulation der Mutante YF1-V28L war in pDawn vergleichsweise ineffizient, da DsRed auch im Dunkeln in signifikanten Mengen exprimiert wurde. Daher wurde diese Mutante nicht weiter untersucht.

Tab. 12: Induktion der DsRed-Expression durch Dunkelheit (pDusk) oder Applikation von Blaulicht (pDawn)

	Induktion (-fach)	
Variante	**pDusk**	**pDawn**
YF1-WT	14	143
YF1-V28L	4	6
YF1-V28I	14	22
YF1-V28T	9	167
LF1-WT	12	-
LF1-L36V	9	146

3.1.2 Kinetische Absorptionsmessungen an YF1- und LF1-Mutanten

Um die Zerfallskonstanten des Lichtzustands in den Mutanten YF1-V28T, YF1-V28I und LF1-L36V zu bestimmen, wurden diese in *E. coli* überexprimiert, mittels His-Tag-Chromatographie aufgereinigt und *in vitro* per Absorptionsspektrometrie untersucht. Die Proteine wurden dafür mit Blaulicht bei einer Wellenlänge von 470 nm und einer Beleuchtungsstärke von ca. 30 mW/cm^2 gebleicht, woraufhin das Absorptionsspektrum ins Blaue verschoben wurde (Abb. 11A). Die Absorptionsspektren, welche von den Mutanten im Dunkel- und Lichtzustand aufgenommen wurden, waren identisch zu den Absorptionsspektren des YF1-WT, was darauf schließen lässt, dass die Photochemie der LOV-Domänen durch die Mutationen nicht grundlegend verändert wurde.

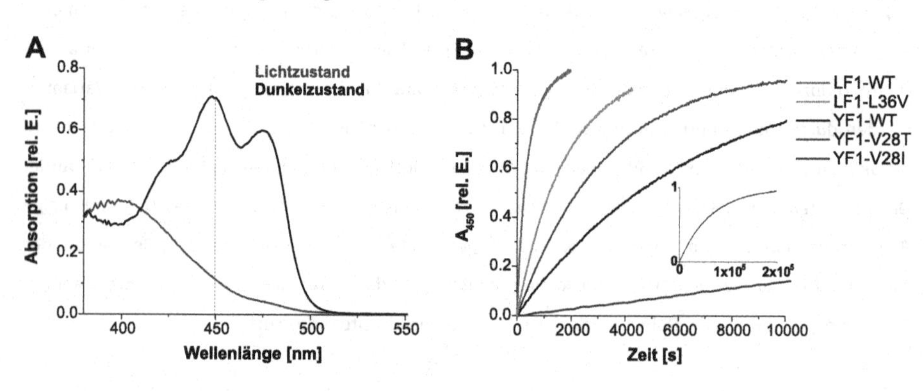

Abb. 11: Absorptionsmessungen an YF1-Varianten. (A) Die Absorptionsspektren von YF1-V28T im Dunkel- und Lichtzustand sind hier exemplarisch für alle weiteren YF1-Varianten dargstellt. **(B)** Normierte, transiente Absorption bei 450 nm nach Bleichung der LOV-Photorezeptoren. *Inlay*: transiente A_{450} von YF1-V28I über einen Zeitraum von insgesamt 2 x 10^5 s.

Anschließend wurde die Rückkehr in den Dunkelzustand durch Messung der Absorption bei 450 nm über die Zeit mit verfolgt (Abb. 11B). Durch Anpassen einer exponentiellen Funktion an die erhaltenen Daten konnten die Zerfallskonstanten der Signalzustände der Photorezeptor-Varianten ermittelt werden (Tab. 13).

Tab. 13: Lebensdauer der Signalzustände von YF1- und LF1-Mutanten. Die Zerfallskonstante τ gibt die Zeit an, nach der ca. 63 % des Dunkelzustands wiederhergestellt sind und ist hier mit der Standardabweichung angegeben. * in der Arbeitsgruppe bereits vermessene Daten

LOV-Photorezeptor	YF1-WT *	YF1-V28T	YF1-V28I	LF1-WT *	LF1-L36V
Zerfallskonstante τ (s)	6444 ± 11	3180 ± 3	63294 ± 73	940 ± 68	1738 ± 4

Die LOV-Domäne der Mutante YF1-V28T relaxiert ungefähr doppelt so schnell wie jene von YF1-WT, wohingegen die Mutante YF1-V28I eine ca. zehnfach verlangsamte Zerfallskinetik aufweist. Der Zerfall des Lichtzustandes der Mutante LF1-L36V ist gegenüber LF1-WT um ungefähr 85 % langsamer, jedoch etwa 3.7-mal schneller als in YF1-WT.

3.1.3 Regulation der Kinaseaktivität *in vivo* durch Modulation von Beleuchtungsstärke und Pulsfrequenz

Die Kinaseaktivität aller drei LOV-Photorezeptormutanten YF1-V28T, YF1-V28I und LF1-L36V kann im Dunkeln induziert und unter Blaulicht gehemmt werden. Es sollten nun Beleuchtungsparameter etabliert werden, um den dynamischen Bereich des Aktionsspektrums der LOV-Photorezeptor-Varianten zu bestimmen.

3.1.3.1 Etablierung des LED-Array Formats für *in vivo*-Assays

Um die zahlreichen verschiedenen Beleuchtungsbedingungen pro Mutante in pDusk und pDawn auf effiziente Weise vermessen zu können, wurden in dieser Arbeit die Bedingungen für den *in vivo*-Assay der Kinase-Aktivität im LED-Array-Format etabliert (s. 2.3.5.2). Der LED-Array wurde zuvor von Dr. Florian Richter konzipiert und konstruiert. Zusammengebaut besteht er aus zwei Mikrotiterplatten, welche aufeinander montiert wurden, wobei in den *Wells* der oberen Platte die 300 µL-Kulturen angezogen werden und die *Wells* der unteren Platte als Lichtleittunnel dienen, durch welche die Kulturen individuell beleuchtet werden können (Abb. 12A). Da in ersten Experimenten die Elektronik durch einen Hitzestau zwischen Schüttler und LED-Matrix geschädigt wurde, wurde weiterhin ein Abstandhalter zwischen Schüttler und Matrix angebracht.

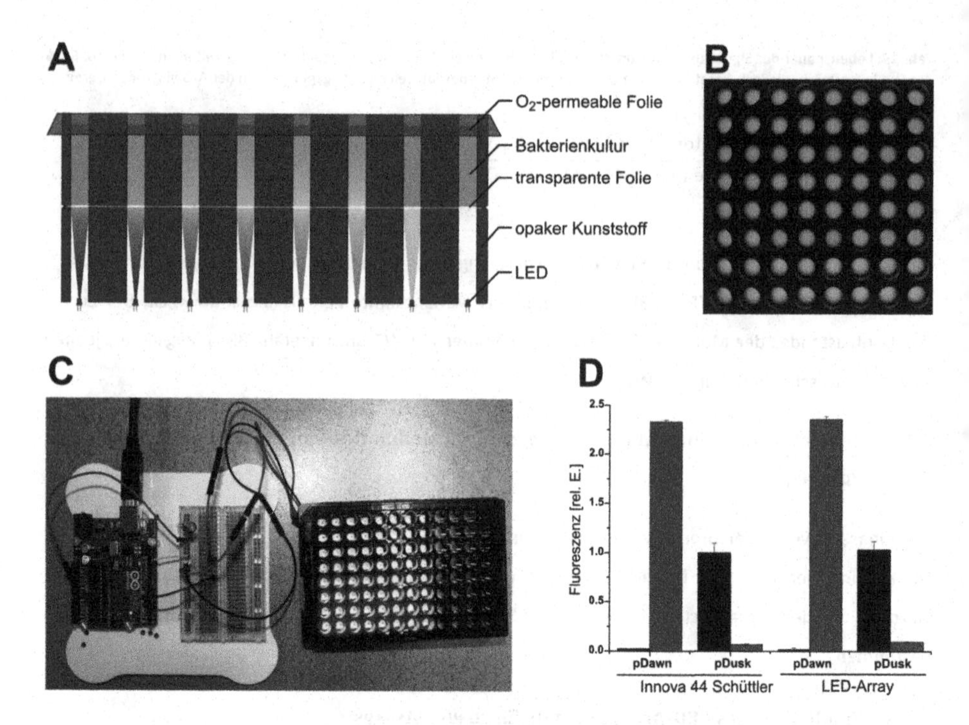

Abb. 12: Der LED-Array (A) Schematische Seitenansicht des zusammen montierten LED-Arrays. **(B)** DsRed-Expression in, mit pDawn transformierten, *E. coli* Kulturen nach Inkubation unter verschiedenen Lichtpulsbedingungen **(C)** Microcontroller und LED-Array ohne obere Mikrotiterplatte. **(D)** Vergleich der DsRed-Expression durch YF1-WT in verschiedenen Formaten. Die Versuche wurden mit den Plasmiden pDusk und pDawn durchgeführt unter 100 µW/cm² Blaulicht (blau) oder im Dunkeln (schwarz) durchgeführt. Die Kulturen wurden im neuen LED-Array oder im Innova 44 Schüttler im 5 mL Format inkubiert.

Die LED-Matrix wird von einem Arduino Microcontroller angesteuert (Abb. 12C), welchem die Beleuchtungsparameter durch das Programm Arduino 1.0.5-r2 zugewiesen wurden. Für eine benutzerfreundliche und zeitsparende Programmierung des Microcontrollers wurde außerdem ein Excel-Makro mit einer Benutzeroberfläche entwickelt. Kulturen, welche in dem LED-Array inkubiert wurden, konnten auf die Expression von DsRed hin untersucht werden (Abb. 12B). Die DsRed-Expression in dem LED-Array wurde mit der Expression in dem klassischen Format (s. 2.3.5.1) verglichen, in welchem 5 mL-Kulturen eingesetzt wurden (Abb. 12D). Die Expressionslevel von DsRed waren bei Induktion durch YF1-WT in beiden Formaten sehr ähnlich. Allerdings variierten die Ergebnisse zwischen den zwei Formaten erheblich, sobald Inkubationszeit oder Start-Zelldichte leicht variiert wurden.

3.1.3.2 Ergebnisse der *in vivo*-Assays im LED-Array Format

Da die Variation von Beleuchtungsstärke, -dauer und -frequenz einen sehr großen Parameterraum aufspannen würde, wurde zumindest die Beleuchtungsdauer auf 30 s festgelegt. Diese Beleuchtungsdauer genügt in den *in-vitro* Messungen um den Photorezeptor vollständig zu bleichen.

Anschließend wurden verschiedene Parameter-Kombinationen getestet, um zu bestimmen, unter welchen Bedingungen YF1-WT in pDusk eine dynamische Antwort auf Ebene der DsRed-Expression zeigt (Daten nicht gezeigt). Die Beleuchtungsbedingungen wurden daraufhin auf folgende eingegrenzt: Es wurden Blaulichtpulse mit sieben verschiedenen Beleuchtungsstärken zwischen 5 – 160 µW/cm² eingesetzt und es wurden neun verschieden lange Dunkelperioden zwischen den Lichtpulsen eingesetzt, die zwischen 0 – 60 Minuten variierten. Die entsprechenden Messungen wurden an YF1-WT, YF1-V28I, YF1-V28T und LF1-L36V im pDusk und pDawn Kontext durchgeführt (Abb. 13). Durch Auftragen der erhaltenen Fluoreszenzwerte in einem zwei-dimensionalen Konturdiagramm konnte jeweils ein charakteristisches Profil der Lichtabhängigkeit für die Photorezeptor-Varianten abgebildet werden.

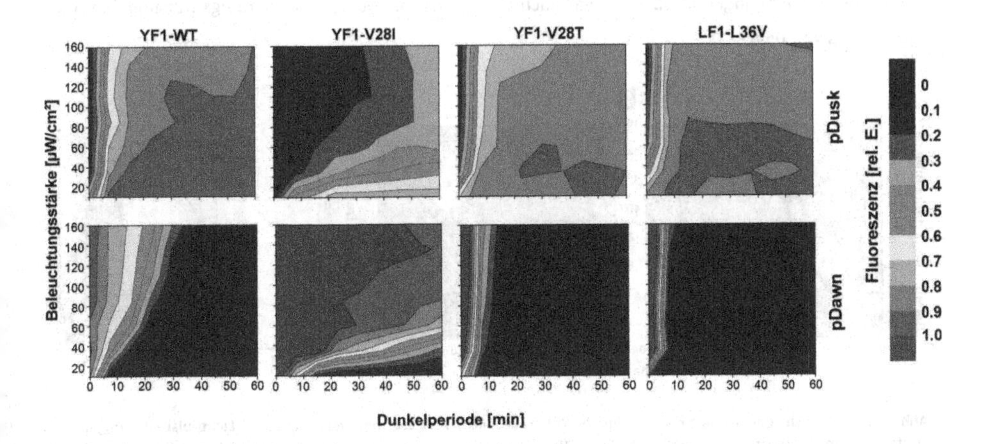

Abb. 13: DsRed-Expression von pDusk und pDawn unter gepulstem Blaulicht. Die Beleuchtungsstärke des Blaulichtpulses ist gegen die Dauer der Dunkelperiode zwischen den Lichtpulsen aufgetragen. In der Z-Ebene sind die normierten, gemessenen Fluoreszenzwerte von DsRed farbkodiert aufgetragen. Die erhaltenen Werte sind jeweils auf das Maximum von YF1-WT in pDusk (obere Zeile) und pDawn (untere Zeile) normiert.

Betrachtet man zunächst die Ergebnisse in Abb. 13 zu YF1-WT in pDusk, so wird ersichtlich, dass bei kontinuierlichem Blaulicht (Dunkelperiode von null Minuten) eine Änderung der Beleuchtungsstärke nur begrenzt zur Regulation der Kinaseaktivität führte: Die DsRed-Expression wurde bereits durch die niedrige Beleuchtungsstärke 5 µW/cm² auf 42 ± 1.5 % der maximal möglichen Expression reduziert. Durch die zusätzliche Variation der Dunkelperiode konnte jedoch für jede Photorezeptor-Variante ein Regime von Parameterkombinationen gefunden werden, welches die graduelle Modulation des Expressionslevels erlaubt. Weiterhin ist erkennbar, wie die gleichen Photorezeptor-Varianten in pDusk und pDawn trotz invertierter Induktion der DsRed-Expression eine ähnliche Abhängigkeit von den Beleuchtungsparametern zeigen. Dennoch gibt es Unterschiede in den Profilen von YF1-WT in pDusk und pDawn. Die dynamische Regulation der Aktivität von YF1-WT erstreckt sich in pDawn über einen größeren Bereich von verschieden langen Dunkelperioden. Da derselbe Photorezeptor eingesetzt wurde, ist dieser Effekt möglicherweise auf den Repressor cI im Plasmid pDawn und dessen Bindung an den pR Promoter zurückzuführen. Die verlangsamte Mutante YF1-V28I wird, im Gegensatz zu YF1-WT, in ihrer Kinaseaktivität bereits von Lichtpulsen inhibiert, welche bloß alle 60 Minuten appliziert werden. Die beschleunigten Varianten YF1-V28T und LF1-L36V hingegen werden von Lichtpulsen die seltener als alle 15 Minuten appliziert werden, in ihrer Kinaseaktivität so kurzzeitig inhibiert, dass die DsRed-Expression nicht signifikant reduziert wird. YF1-V28T und LF1-L36V unterscheiden sich von YF1-V28I daher ausreichend in ihrem Profil, sodass z.B. beim Parameter-Paar Nr. 2 (30 min|120 µW/cm²) YF1-V28I gegenüber LF1-L36V in pDawn eine 106fach stärkere Genexpression induziert (Abb. 14). YF1-WT würde unter diesen Bedingungen in pDawn zwar auch Genexpression induzieren, allerdings nur ungefähr halb so stark wie YF1-V28I.

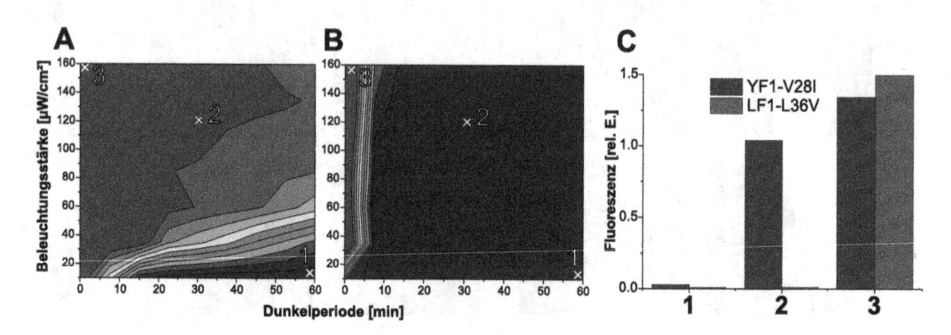

Abb. 14: Vergleich der Genexpression durch YF1-V28I und LF1-L36V bei verschiedenen Lichtpulsbedingungen. (A) Lichtabhängige Genexpression durch YF1-V28I **(B)** Lichtabhängige Genexpression durch LF1-L36V **(C)** Vergleich der Genexpression durch YF1-V28I und LF1-L36V bei den Beleuchtungsparametern, welche in Abb. 17A und 17B markiert sind. 1: Kein Blaulicht, 2: Dunkelperiode von 30 min, Blaulichtpulse bei 120 µW/cm², 3: kontinuierliches Blaulicht bei 160 µW/cm².

Die gleichen Experimente wurden auch mit den Mutanten YF1-D21V und YF1-H22P in pDusk durchgeführt (Abb. 15), welche bereits als Inverter-Mutanten, also Mutanten mit invertierter Licht-Abhängigkeit, beschrieben wurden (Gleichmann, et al., 2013). YF1-H22P und YF1-D21V zeigen beide ein Profil, welches einem invertierten Profil von YF1-WT in pDusk ähnelt, wobei der dynamische Bereich von YF1-D21V sich allerdings auf Dunkelperioden bis 10 Minuten beschränkt. Beide Mutanten waren jedoch in dieser Arbeitsgruppe bereits photospektrometrisch auf ihre Zerfallskinetik hin untersucht worden und die Lebensdauer des Lichtzustandes unterscheidet sich nicht signifikant zwischen YF1-WT und YF1-D21V. Der reduzierte dynamische Bereich von YF1-D21V wird daher darauf zurückgeführt, dass selbst unter induzierenden Bedingungen nur 80 % der Kinaseaktivität von YF1-WT erreicht wird. Darüber hinaus führen beide Inverter-Mutationen zu einer leicht erhöhten basalen Expression des Reportergens DsRed.

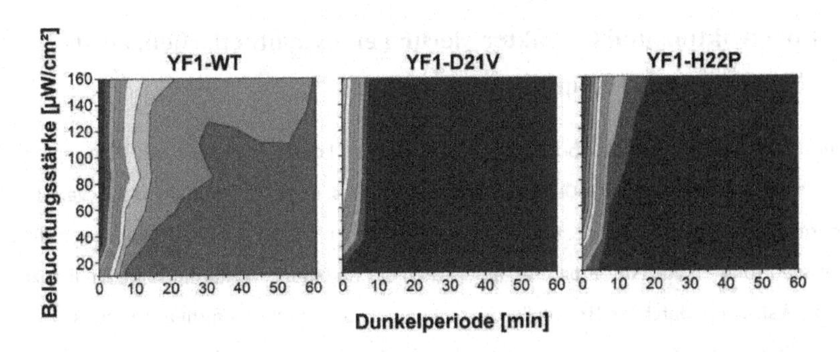

Abb. 15: DsRed-Expression von pDusk mit den YF1-Inverter-Mutanten D21V und H22P. Die Fluoreszenzwerte sind auf das Maximum von YF1-WT normiert. Die Farbkodierung der Z-Ebene gleicht derer in Abb. 13.

Um eine Korrelation zwischen Pulsfrequenz-abhängiger DsRed-Expression und den Relaxationskinetiken der LOV-Domänen zu herzustellen, wurde die DsRed-Expression in Abhängigkeit von der Dunkelperiode zwischen Lichtpulsen mit 160 µW/cm² aufgetragen und eine exponentielle Funktion an die Daten angepasst. Die so ermittelten Zeitkonstanten entsprachen jeweils der Dunkelperiodendauer, bei welcher ca. 63 % der maximalen DsRed-Expression erreicht wurde. Diese Zeitkonstanten wurden gegen die Lebensdauer des Lichtzustandes der entsprechenden LOV-Photorezeptor-Mutanten (s. Tab. 13) aufgetragen (Abb. 16). Für eine genauere Quantifizierung dieses Zusammenhangs hätten jedoch mehr Mutanten untersucht werden müssen. Die Mutante YF1-V28I wurde in diese Betrachtung nicht mit einbezogen, da hierfür die Untersuchung der DsRed-Expression durch YF1-V28I bei längeren Dunkelperioden nötig wäre.

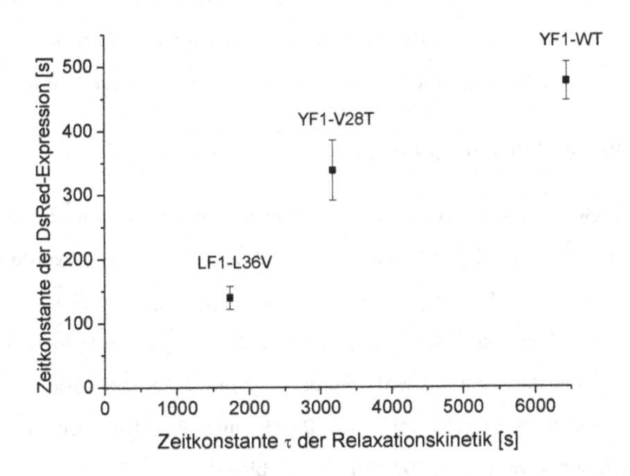

Abb. 16: Einfluss der Lebensdauer des Photoaddukts auf Abhängigkeit der DsRed-Expression von der Pulsfrequenz. Auf der Y-Achse ist die Dauer der Dunkelperiode zwischen Blaulichtpulsen (160 µW/cm²) aufgetragen, bei welcher ca. 63 % der DsRed-Expression im Dunkeln erreicht wurde. Auf der X-Achse sind die Zerfallskonstanten des Photoaddukts der Photorezeptor-Mutanten aufgetragen. Die Fehlerbalken geben die Standardabweichung an.

3.2 Konstruktion und Charakterisierung eines synthetischen, Licht-regulierten Zwei-Komponenten-Systems

Das Ziel war, ein neues Zwei-Komponenten-System (TCS) zu konstruieren, welches Licht-reguliert und, darüber hinaus, orthogonal zu pDusk und pDawn ist. Das neue TCS musste dafür verschiedenen Anforderungen genügen (Möglich & Moffat, 2010): Es musste nicht nur die DNA-Sequenz von HK und RR bekannt sein, sondern auch der Promoter, an welchen der RR bindet. Weiterhin sollte die Induktion des Signalweges stringent durch die HK regulierbar sein und das System durfte nicht aus *E. coli* stammen, um Orthogonalität zu gewährleisten. Weiterhin sollte die HK im ursprünglichen Kontext über eine PAS-Domäne am N-terminalen Ende als Sensordomäne verfügen. Diese sollte wiederum an ihrem C-terminalen Ende das DIT-Aminosäuresequenzmotiv aufweisen (Möglich, et al., 2010). Vergleiche der Aminosäure-Sequenzen verschiedener PAS- und LOV-Domänen zeigten, dass PAS-Domänen oft von einem DIT-Sequenzmotiv an ihrem C-Terminus beendet werden, was die Abgrenzung der LOV-Domäne auf Ebene der AS-Sequenz ermöglicht und den Entwurf eines Fusionskonstrukts von LOV-Domäne und HK erleichtert.

Das TCS TodST sollte als Basis des neuen TCS dienen, da es den genannten Anforderungen entspricht. Die Effektor-Domäne der Histidin-Kinase sollte aus TodS stammen und dessen Sensor-Domäne sollte die YtvA-LOV-Domäne oder LfLOV1 sein. Dieses Fusionskonstrukt soll YT1 oder entsprechend LT1 genannt werden. Weiterhin soll das neue TCS den Promoter P_{todX} und den RR TodT beinhalten und so Licht-abhängig die Expression eines Reportergens regulieren. Diese TCS sollen in dem Plasmid pDusk das TCS YF1/FixJ ersetzen. Weiterhin soll ein Inverter-Baustein in das Plasmid mit YT1 oder LT1 eingefügt werden, welcher, wie in pDawn, die Abhängigkeit der Reportergen-Expression von Blaulicht umkehrt.

3.2.1 Konstruktion der Plasmide pDusk_YT1 und pDusk_LT1

Zunächst wurde untersucht, ob P_{todX} von dem RR FixJ aus pDusk gebunden wird und so unerwünschte Interferenz zwischen den zwei TCS entstehen könnte. Die Sequenz von P_{todX} wurde von dem Plasmid pMIR77 mit den Primern TodX_fw und TodX_rv (Tab. 14) amplifiziert und über die Restriktionsschnittstellen XbaI und BglII in pDusk kloniert. Das so generierte Plasmid wurde in *E. coli* CmpX13 transformiert und die Kinaseaktivität wurde über die DsRed-Expression nach Inkubation im Dunkeln und unter Blaulicht vermessen (Abb. 17). Da YF1 über P_{todX} keine Genexpression induzierte, konnte darauf geschlossen werden, dass FixJ nicht an P_{todX} bindet.

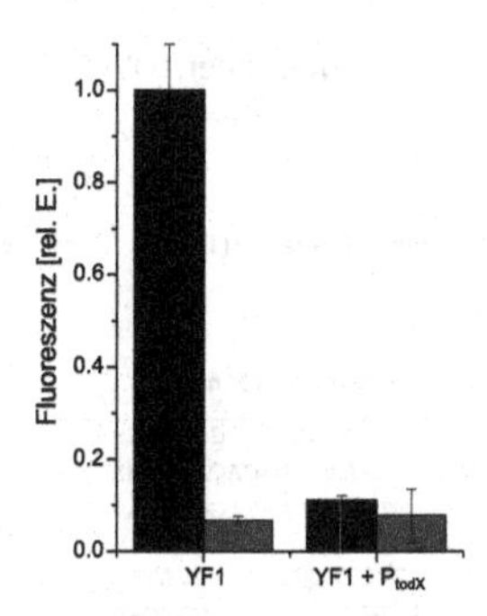

Abb. 17: Vergleich der DsRed-Expression durch YF1 in pDusk mit dem FixK2-Promoter und dem todX-Promoter. Die Kulturen wurden unter kontinuierlichem Blaulicht bei 100 µW/cm² (blau) oder im Dunkeln (schwarz) angezogen.

Als nächstes wurde eine Sequenz, welche für YT1 kodiert, mittels Fusions-PCR generiert (Abb. 18). Die verwendeten Primer sind in Tab. 14 aufgeführt. Die Fusion von LOV-Domäne und Histidin-Kinase sollte dabei über das AS-Sequenz-Motiv DIT stattfinden. Die Sequenz, welche für die HK TodS kodiert, wurde daher ohne die angrenzende Sequenz, welche für das DIT-Motiv kodiert, amplifiziert, wohingegen die Sequenz, welche für die LOV-Domäne kodiert, auch das DIT-Motiv kodieren sollte.

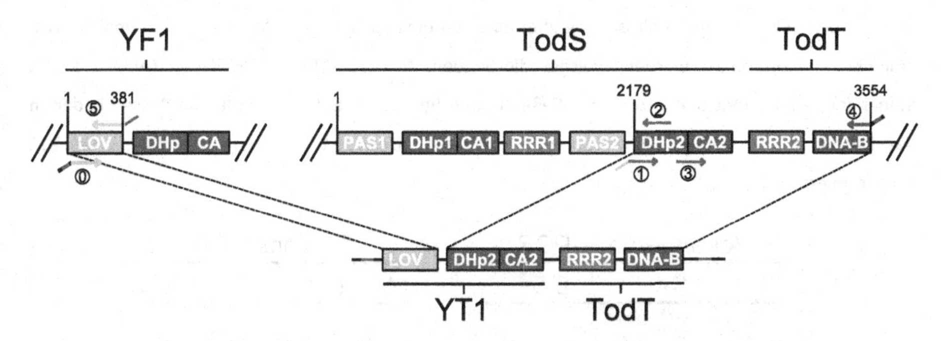

Abb. 18: Konstruktion des Gens für YT1 und TodT. Die Primer sind gemäß Tab. 14 durchnummeriert und die Pfeilspitzen stellen deren 3'-Enden dar. Die Zahlen geben die Bp-Position innerhalb des jeweiligen ORFs an. RRR: *Response-Regulator-Receiver-*Domäne, DNA-B: DNA-Binde-Domäne

Von dem Plasmid pDusk wurde die YtvA-LOV-Domäne mit den Primern 0 und 5 amplifiziert und das Fragment 0-5 generiert, welches über einen Überhang mit einer MfeI-Schnittstelle und einen Überhang, welcher komplementär zu DHp2 war, verfügte. Von dem Plasmid pMIR66 wurden nur HK und RR amplifiziert. Dabei sollte auch eine störende MfeI-Schnittstelle in dem TodS-Gen entfernt werden. Zuerst wurde ein DNA-Strang mit den Primern 3 und 4 amplifiziert und das erzeugte Fragment 3-4 wurde wiederum mit den Primern 1, 2 und 4 amplifiziert, wodurch das Fragment 1-4 generiert wurde. Durch den Einsatz des Primers 2 wurde die MfeI-Schnittstelle entfernt und durch Primer 1 und 4 verfügte das

DNA-Fragment über ein Ende, welches zur Sequenz der LOV-Domäne komplementär war und ein Ende mit einer MfeI-Restriktionsschnittstelle.

Tab. 14: Primer für die Fusions-PCR. Die Schmelztemperatur (T_m) der Primer wurde mit der *Nearest-Neighbour*-Methode (Sugimoto, et al., 1996) berechnet.

Primer	Basen-Sequenz (von 5' nach 3')	Länge (Basen)	GC-Gehalt (%)	T_m (°C)
0_pDusk_fw	GAGTCAATTGAGGGTGGTGAATGTGGCTAG	30	50	62
1_TodS_fw	GATATCACCGAGAAGAAACAAGCACAGGAAAATC	34	41	63
2_NoMfel_rv	CGTACACAAGTTGTTGCTGCAACTGGTTAAGATTTTCC TGTGCTTGTTTC	50	42	70
3_TodS_fw	GCAGCAACAACTTGTGTACGTTTCCCGATC	30	50	63
4_TodT_rv	GCATCAATTGCTATTCCAGGCTATCCTTGAG	31	45	63
5_pDusk_rv	GCTTGTTTCTTCTCGGTGATATCATTCTGAATTC	34	38	62
6_LF1_fw	GAGAGTCAATTGAGGGTGGTGAATGTGAG	29	48	63
7_LF1-TodS_rv	CTTCTCGGTCACATCCTGTTCAATGGCAAC	30	50	65
8_TodS-LF1_fw	GAACAGGATGTGACCGAGAAGAAACAAGCAC	31	48	65
TodX_fw	GCACAAGATCTGGTCTGAGGTTTTCATCGAC	31	48	64
TodX_rv	CGTGCTCTAGAAATTACAATCCTTCCAC	28	43	59

Durch Verlängerungs-PCR wurden so die DNA-Stränge 1-4 und 0-5 amplifiziert und anschließend aufgereinigt (Abb. 19). Anschließend sollten die zwei Fragmente in einer Fusions-PCR fusioniert werden. Obwohl in der Fusions-PCR größtenteils ein verkürztes, unspezifisches Nebenprodukt erzeugt wurde, konnte durch wiederholte Amplifizierung über eine PCR eine ausreichende Menge an dem finalen DNA-Fragment 0-4 produziert werden, welches die Sequenz für das TCS YT1/TodT trägt (Abb. 19). Das aufgereinigte Fragment 0-4 wurde anschließend über die zwei MfeI-Schnittstellen an dessen Enden in das Plasmid pDusk kloniert. Das resultierende Plasmid pDusk_YT1 wurde dann in *E. coli* CmpX13 transformiert.

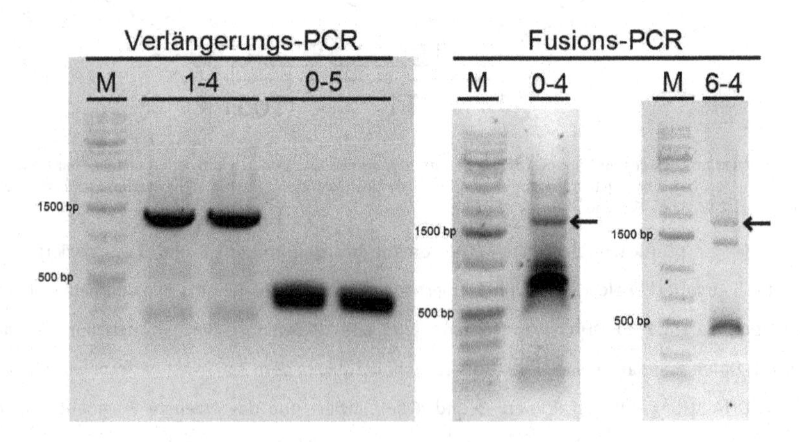

Abb. 19: Färbung der DNA-Banden mit den generierten DNA-Strängen im Agarosegel. Pfeile zeigen die korrekt fusionierten Stränge im Gel an. M: Marker GeneRuler 1 kbp Plus

Das Fusionskonstrukt LT1-L36V aus TodS und LF1-L36V wurde auf analoge Weise erzeugt. Es wurde direkt die Mutante L36V verwendet, da diese eine stärkere Induktion und Lichtregulierung als LF1-WT zeigte. Außerdem wurde die Verlängerungs-PCR und Fusions-PCR in einer Reaktion durchgeführt. Diese Zwei-Schritt-Fusions-PCR wurde prinzipiell nach dem Protokoll für die Fusions-PCR, mit den Primern 4, 6, 7 und 8 durchgeführt. Die einzige Änderung war, dass die terminalen Primer 4 und 6 mit zehnmal höherer Konzentration als die Primer 7 und 8 eingesetzt wurden. Das so generierte Fragment 6-4 konnte gleichermaßen aufgereinigt (Abb. 19), über die MfeI-Schnittstellen kloniert und in *E. coli* CmpX13 transformiert werden. Anschließend wurde eine XbaI-Schnittstelle im TodT-Gen durch zielgerichtete Mutagenese entfernt.

3.2.2 Charakterisierung von pDusk_YT1 und pDusk_LT1 im *in vivo* Assay

Die Licht-regulierung der DsRed-Expression durch YT1 und LT1 sollte unter verschiedenen Beleuchtungsbedingungen vermessen werden. Dafür wurden die entsprechenden Bakterien zunächst in einer 5 mL Kultur im Dunkeln und unter Blaulicht angezogen. Die Ergebnisse sind in Abb. 20A dargestellt. YT1 zeigt im Dunkeln eine 2.8fache Induktion und ca. die Hälfte der absoluten Aktivität von YF1-WT. LT1-L36V hingegen ist nicht Licht-regulierbar und induziert die DsRed-Expression unter beiden Lichtbedingungen 2.5fach stärker als YF1-WT. Anschließend wurde die Genexpression durch YT1-WT in dem LED-Array unter verschiedenen Lichtpuls-Bedingungen untersucht (Abb. 20B). YT1-WT zeigt eine Regulierung durch Lichtpulsfrequenz und -stärke.

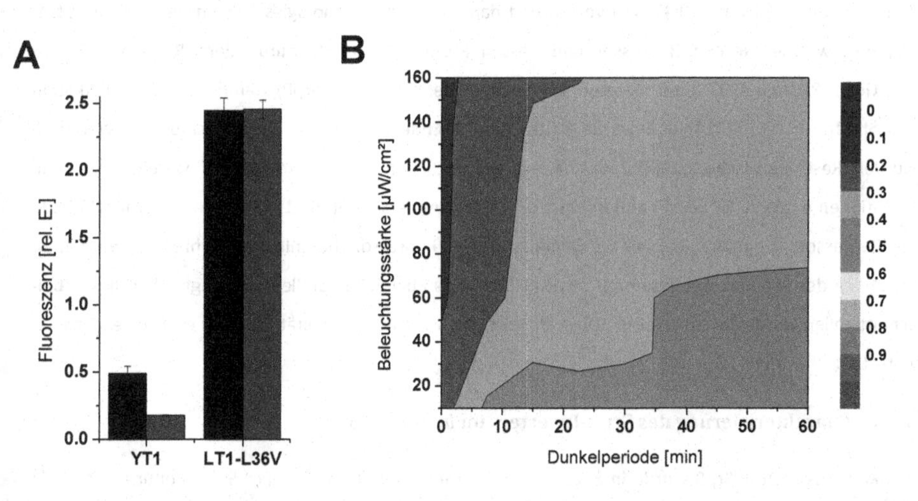

Abb. 20: DsRed-Expression durch die TodST-Fusionskonstrukte im pDusk Kontext. Alle Fluoreszenzwerte sind auf die Werte für YF1-WT in pDusk im Dunkeln normiert. **(A)** Inkubation unter kontinuierlichem Blaulicht mit 100 µW/cm² (blau) und im Dunkeln (schwarz). **(B)** DsRed-Expression durch YT1-WT bei gepulstem Licht mit verschiedenen Beleuchtungsstärken.

3.2.3 Design des Inverters SrpR und dessen Insertion in pDusk_YT1 und pDusk_LT1

Um ein Plasmid zu konstruieren, von welchem die Genexpression unter Blaulicht induziert und nicht gehemmt wird, musste ein Inverter zwischen den todX-Promoter und die MCS eingefügt werden. Ein Inverter-Baustein besteht allgemein aus einem Promoter, von welchem ein Repressor transkribiert wird, welcher wiederum an einen Operator bindet und so die Transkription von einem zweiten Promoter verhindert. Dieser Inverter sollte orthogonal zu dem Inverter aus pDawn sein, welcher auf dem Repressor cI aus dem λ-Phagen basiert. Das fertige TCS sollte dann orthogonal und analog zu pDawn wie in Abb. 21 funktionieren.

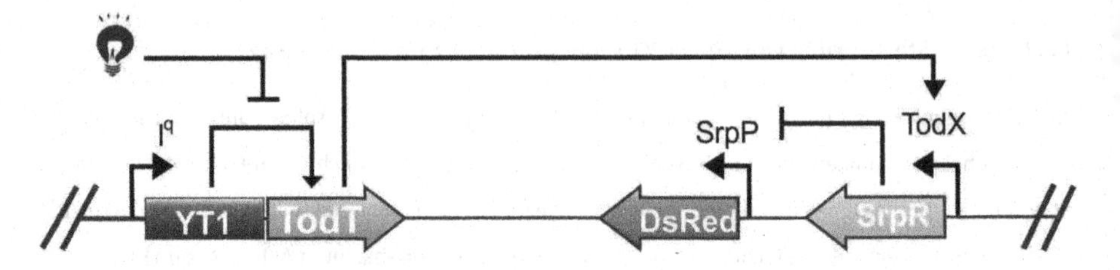

Abb. 21: Schema des konstruierten Zwei-Komponenten-Systems in dem Plasmid YT1_SrpR.

Der in dieser Arbeit eingesetzte Inverter basiert auf dem Repressor SrpR (Sun, et al., 2011). Stanton et al., (2014) zeigte, dass SrpR eine hohe Orthogonalität zu zahlreichen anderen Repressoren zeigt und außerdem über einen großen dynamischen Bereich verfügt. Die entsprechende DNA-Sequenz wurde mit dem Programm ApE (V. 2.0.47) entworfen und dann von Life Technologies ™ synthetisiert. Die DNA-Sequenz, welche für den Repressor und dessen Promoter kodiert, wurde dem Plasmid pRF-SrpR (AddGene: Plasmid 49372) entnommen. Die Sequenz des Operators (SrpP) stammt aus der Publikation von Stanton et al., (2014) und wurde hinter dem 3'-Ende des ORF für SrpR positioniert. Weiterhin wurden Restriktionsschnittstellen, welche mit der MCS von pDusk inkompatibel waren, über stille Mutationen entfernt. Es wurde außerdem ein LVA-Tag (Andersen, et al., 1998) an das C-terminale Ende des Repressors fusioniert, welcher die Degradation des Repressors beschleunigt. Schließlich wurden an die Enden der Sequenz des gesamten Inverter-Bausteins XbaI-Schnittstellen eingefügt. Über diese XbaI-Schnittstellen wurde der Inverter in pDusk kloniert, um seine Funktionalität in einem etablierten Plasmid zu testen.

3.2.4 Charakterisierung des SrpR-Inverters im *in vivo* Assay

Das Konstrukt pDusk-SrpR wurde in *E. coli* CmpX13 transformiert und in einer 5 mL Kultur im Dunkeln und unter Blaulicht angezogen. Anschließend wurde die DsRed-Expression quantifiziert (Abb. 22A). Da pDusk-SrpR im Gegensatz zu pDawn nur eine ca. zehnfache Induktion zeigt, wurde durch zielgerichtete

Mutagenese ein Stop-Codon in die Sequenz des SrpR-Inverters vor den N-terminalen LVA-Tag eingefügt, wodurch der LVA-Tag nicht translatiert wurde. Dies sollte eine zu schnelle Degradation des Repressors verhindern und dessen Halbwertszeit in der Zelle erhöhen. In dem erzeugten Konstrukt pDusk-SrpR_LVA konnte dadurch nicht nur die basale Expression im Dunkeln reduziert werden, sondern auch die Induktion unter Blaulicht erhöht werden. Außerdem war die DsRed-Expression durch Lichtpulse gezielt modulierbar (Abb. 22B). Die Insertion des Inverters SrpR_LVA in pDusk_YT1 führte allerdings zu keiner DsRed-Expression, weder unter hemmenden noch induzierenden Bedingungen (Abb. 22A).

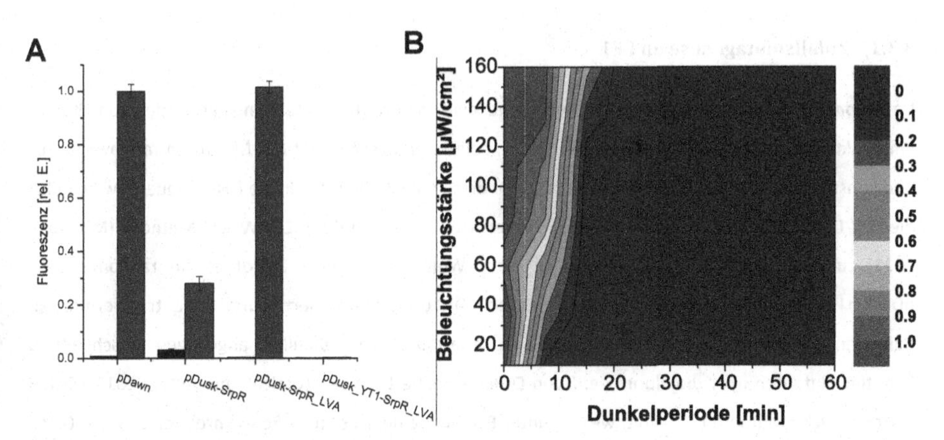

Abb. 22: Vergleich der DsRed-Expression durch verschiedene Inverter-Konstrukte. (A) Die Kulturen wurden im Dunkeln (schwarz) und unter Blaulicht (blau) angezogen und die Fluoreszenzwerte wurden auf pDawn unter Blaulicht normiert. **(B)** Die DsRed-Expression durch pDusk (YF1/FixJ) mit dem Repressor SrpR_LVA wurde im LED-Array unter verschiedenen Lichtpulsbedingungen vermessen. Die Fluoreszenzwerte wurden auf pDawn unter Blaulicht normiert.

3.3 Mutagenesestudien an YLF1 zur Untersuchung der intramolekularen Signalintegration

Ziel dieser Mutagenesestudien war, die Signalintegration zwischen den zwei LOV-Domänen in YLF1 besser verstehen zu können. Dazu sollten die beiden Ausgangskonstrukte YF1 und LF1 in ihren LOV-Domänen mutiert werden und diese Mutationen sollten dann in YLF1 eingebracht werden, sodass der Effekt der Mutationen auf die Kinaseaktivität von YF1 und LF1 mit dem Effekt in YLF1 verglichen werden kann.

3.3.1 Zufallsmutagenese an LF1

Da schon YF1-Mutanten bekannt waren, welche eine invertierte Lichtabhängigkeit oder konstitutive Kinaseaktivität zeigen (Diensthuber et al., 2013), sollten in dieser Arbeit LF1-Mutanten mit invertierter und konstitutiver Aktivität identifiziert werden. Zu diesem Zweck wurden in die DNA-Sequenz, welche für die LOV-Domäne von LF1 und den Jα-Linker kodiert (AS 1-145), mit der MEGAWHOP Methode (Miyazaki, 2011) zufällige Mutationen eingefügt. Auf diese Weise wurde eine Bibliothek an randomisierten pDusk_LF1 Plasmiden erzeugt, welche in *E. coli* DH10b transformiert wurde. Die transformierten Bakterien wurden auf selektivem Medium ausplattiert und unter Blaulicht angezogen. Anschließend konnten Mutanten über die Fluoreszenz von DsRed selektiert werden (Gleichmann, et al., 2013). Dabei wurden solche Mutanten gewählt, welche unter Blaulicht eine erhöhte DsRed-Expression zeigten. Diese waren entweder eine Inverter-Mutante oder eine konstitutiv aktive Mutante. Mutanten von Interesse wurden in 5 mL Kulturen angezogen und das entsprechende Plasmid wurde aufgereinigt, in *E. coli* CmpX13 transformiert und die DsRed-Expression der transformierten Zellen im Dunkeln und unter Blaulicht wurde quantifiziert. Auf diese Weise wurden zwei Mutanten identifiziert: LF1-D22N und LF1-F106V (Abb. 23). LF1-D22N ist konstitutiv aktiv und die DsRed-Expression durch LF1-D22N liegt im Dunkeln genau wie unter Blaulicht bei dem 1.3fachen der Expression durch LF1-WT im Dunkeln. LF1-F106V zeigt eine invertierte Lichtabhängigkeit mit einem Induktionsfaktor von 3.2, allerdings ist die absolute Expression durch LF1-F106V unter induzierenden Bedingungen (Blaulicht) gegenüber LF1-WT im Dunkeln um das 4.5fache reduziert (Abb. 24).

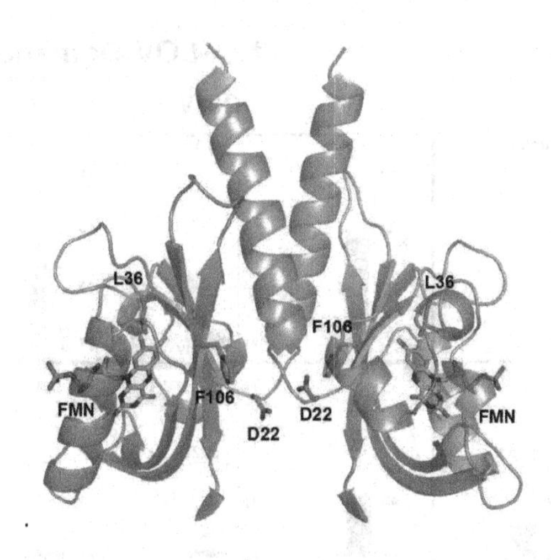

Abb. 23: Homologiemodell von LfLOV1 in YLF1, basierend auf der Struktur der YtvA-LOV-Domäne (PDB: 4GCZ). Mutierte Aminosäuren und der Chromophor sind als *sticks* dargestellt.

3.3.2 Zielgerichtete Mutagenese an beiden LOV-Domänen von YLF1

Die zwei Mutationen D22N und F106V und die Mutation LF1-L36V wurden in die LfLOV1-Domäne in YLF1 eingebracht. Diese Mutationen wurden wiederum mit Mutationen in der YtvA-LOV-Domäne kombiniert, deren Homologe in YF1 (YF1-H22L, H22P und D21V) schon beschrieben wurden (Diensthuber, et al., 2013): YF1-H22L ist konstitutiv aktiv und YF1-H22P und D21V sind Inverter-Mutanten. Die erzeugten Einzel- und Doppel-Mutanten von YLF1 wurden auf ihre Aktivität in pDusk im Dunkeln und unter Blaulicht hin untersucht (Abb. 24). Wie der Abbildung zu entnehmen ist, hatten Mutationen in beiden LOV-Domänen eine Auswirkung auf die Aktivität von YLF1. In allen YLF1-Mutanten, welche die Mutation D148N in der LfLOV1-Domäne trugen, war die Regulierbarkeit durch Licht stark reduziert oder gar nicht mehr vorhanden, wie es auch in dem Ausgangskonstrukt LF1-D22N der Fall ist. Hingegen führt die Mutation F232V, anders als im Ausgangskonstrukt LF1-F106V, in keiner YLF1-Doppelmutante zu einer erhöhten Genexpression unter Blaulicht. Die Mutation L162V führt in YLF1-L162V und YLF1-H22P-L162V zu einer erhöhten absoluten Expression gegenüber YLF1-WT. Die Doppel-Mutante YLF1-H22P-L162V ist auch die einzige YLF1-Mutante mit einer Invertermutation in der YtvA-LOV-Domäne, welche durch Licht schaltbar ist, wenn auch nicht mit invertierter Abhängigkeit.

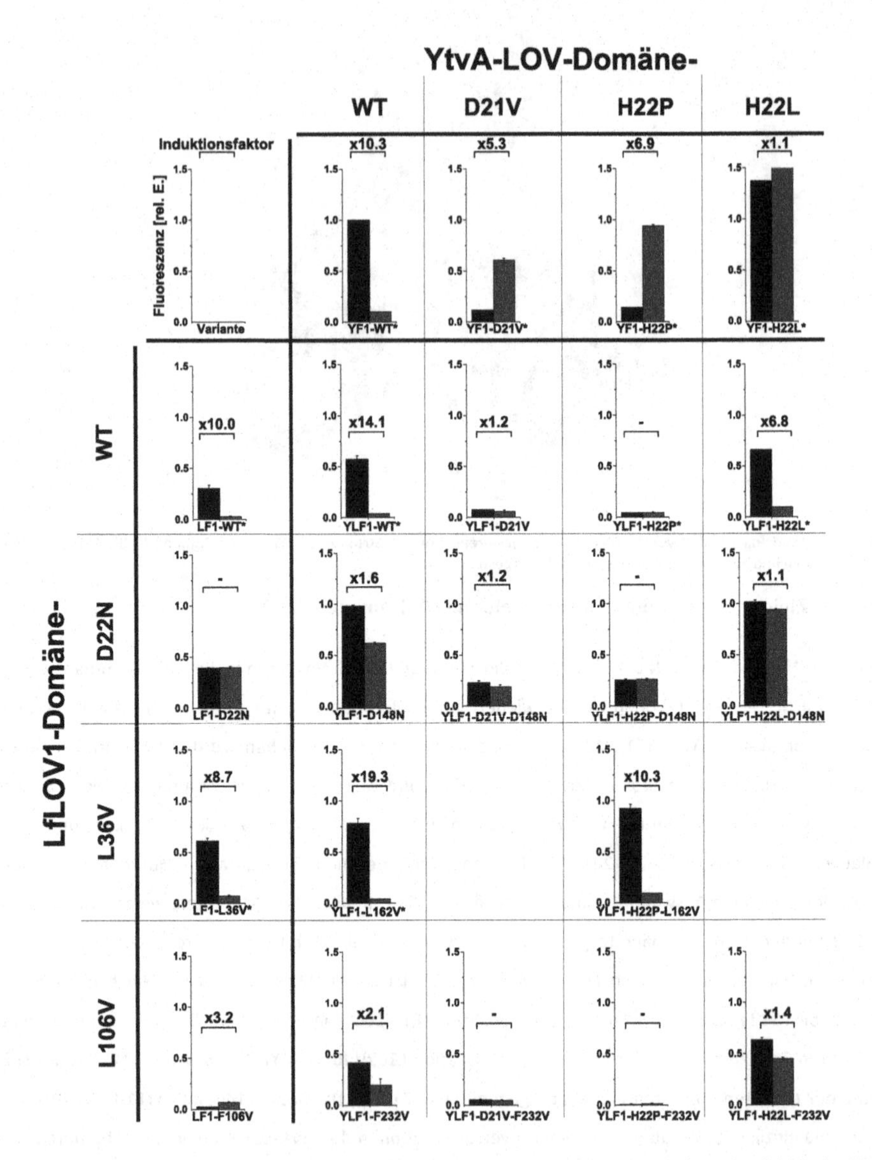

Abb. 24: Induktion der DsRed-Expression durch LOV-Photorezeptor-Varianten. In der ersten Zeile ist die Aktivität der YF1-Varianten, in der ersten Spalte die Aktivität der LF1-Varianten dargestellt. Die YLF1-Varianten in der Matrix tragen die entsprechende Kombination an Mutationen in der LfLOV1- oder YtvA-LOV-Domäne. Die AS-Positionen der Mutationen in LfLOV1 und deren Homologe in YLF1 unterscheiden sich um 126 aufgrund der zusätzlichen N-terminalen AS in YLF1. Die Beschriftung der Graphen folgt dem Muster in der ersten Zelle. Die Fluoreszenzwerte nach Inkubation im Dunkeln (schwarz) oder unter Blaulicht (blau) sind auf YF1-WT im Dunkeln normiert. Die Fehlerbalken geben die Standardabweichung an. *Diese Varianten sind in der Arbeitsgruppe bereits vermessen worden.

4 Diskussion

4.1 Selektive Genexpression durch Modulation der Lichtpulsfrequenz

Verschiedene Genexpressions-Systeme wurden bereits unter die Kontrolle von Licht gestellt (Shimizu-Sato et al., 2002; Levskaya et al., 2005; Ohlendorf et al., 2012). Allerdings waren diese Studien auf die Induktion einzelner Promoter beschränkt. Tabor et al., (2011) demonstrierten zwar den Einsatz von mehrfarbigem Licht, um in einer Zelle zwei Promoter separat induzieren zu können, erreichten jedoch nur eine maximal 2.4fache Induktion der einzelnen Promoter und eine 2-50fache Induktion der Promoter relativ zueinander. Dies war unter anderem auf die überlappenden Aktionsspektren der eingesetzten Photorezeptoren zurückzuführen, wodurch es zur simultanen Aktivierung der zwei eingesetzten TCS kam. In der vorliegenden Arbeit konnte gezeigt werden, dass die Modulation von Pulsfrequenz und -stärke monochromatischen Lichts ausreichend ist, um Licht-abhängige Zwei-Komponenten-Systeme in ihrer Aktivität zu regulieren. Konkret konnten dabei Parameter gefunden werden, bei welchen eine ca. 106fache Induktion eines TCS gegenüber einem zweiten erreicht werden könnte. Von zentraler Wichtigkeit für diese hohen relativen Induktionsfaktoren waren dabei die unterschiedlichen Relaxationskinetiken der eingesetzten LOV-Photorezeptor-Mutanten, welche eine separate Aktivierung ermöglichten. Daher soll zunächst die Kinetik der LOV-Photorezeptor-Mutanten diskutiert werden.

4.1.1 Mutagenese von LOV-Domänen zur Modifikation der Relaxationskinetiken

Der Zerfall des Photoaddukts in LOV-Domänen wird prinzipiell von drei zentralen Faktoren beschleunigt: 1) Die Deprotonierungsrate des N_5-Atoms am Flavin-Ring, 2) die sterische Destabilisierung des Cys-FMN-Photoaddukts und 3) elektronische Effekte die das Gleichgewicht zugunsten des oxidierten Flavins verschieben. Die Aminosäure Ile74 in dem LOV-Photorezeptor Vivid-36 (VVD) wurden von Zoltowski et al., (2009) als äußerst wichtig für die Relaxationskinetik der LOV-Domäne beschrieben und Kawano et al., (2013) konnten diese Ergebnisse durch Untersuchungen an AsLOV2-Val416-Mutanten (homolog zu VVD-Ile74) bestätigen. Vor dem Hintergrund dieser Ergebnisse wurden an der Aminosäure Val28 in YF1, welche zu AsLOV2-Val416 und VVD-Ile74 homolog ist, die Mutationen V28L, V28I und V28T durchgeführt.

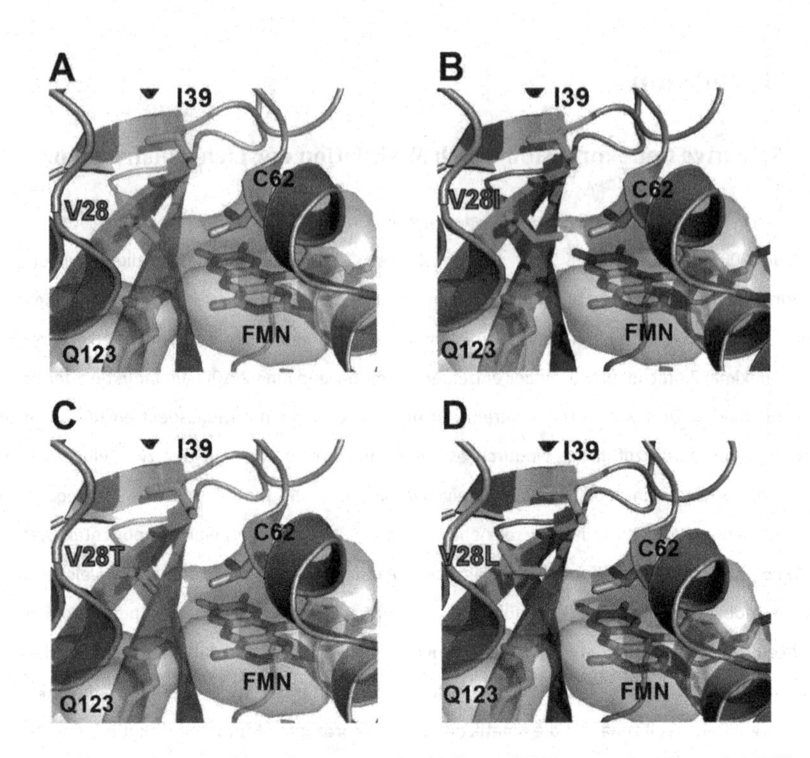

Abb. 25: Kristallstruktur der YtvA-LOV-Domäne in YF1 und Modelle von YF1-Mutanten. Der Chromophor FMN und die Aminosäurereste von Interesse sind als *sticks* hervorgehoben und die mutierte Aminosäure Val28 ist rot beschriftet. Für den Rest Cys62 sind zwei verschiedene Konformere dargestellt. Die Tasche, welche den Zugang des Lösungsmittels zum Chromophor ermöglicht, ist als transparente Oberfläche dargestellt. Die Abbildungen und die Modelle der YF1-Mutanten wurden mit PyMol (V. 1.3) generiert. **(A)** Kristallstruktur von YF1-WT **(B)** Modell von YF1-V28I **(C)** Modell von YF1-V28T **(D)** Modell von YF1-V28L.

Während die Mutante YF1-V28I eine ca. zehnfach verlangsamte Relaxationskinetik zeigte, führte die homologe Mutation in VVD-36 zu einer ca. 25fach verlangsamten Relaxation. Dieser qualitativ gleiche Effekt kann darauf zurückgeführt werden, dass Isoleucin über eine zusätzlich CH_2-Gruppe verfügt und dadurch die konformationelle Freiheit des Gln123 (YF1) sterisch hindert (Abb. 25B). Da die Rotation der Seitenkette von Gln123 an der Deprotonierungsreaktion des N_5 des Flavinrings beteiligt ist, kann so die Lebensdauer des Photoaddukts erhöht werden. Weiterhin kann durch die Mutationen der Zugang von Wassermolekülen aus dem Lösungsmittel zum Chromophor sterisch gehindert werden, was den Basen-katalysierten Zerfall des Photoaddukts erschweren würde (Zoltowski, et al., 2009). Das gleiche würde auch für die Mutante YF1-V28L gelten (Abb. 25D), deren Homolog in AsLOV2 zu einer ca. 78fachen Verlangsamung der Relaxationskinetik führte (Kawano, et al., 2013). Da durch die Mutation V28L zwei Methyl-Gruppen in den Kern der LOV-Domäne ragen, sind die sterischen Veränderungen in dieser Mutante vermutlich am größten, worauf auch die eingeschränkte Photoregulation durch Licht hindeutet.

Die Mutante YF1-V28T beschleunigte den Zerfall des Photoaddukts um das zweifache, die homologe Mutation in AsLOV2 beschleunigte den Zerfall hingegen um das 21fache. Die Beschleunigung der Relaxationskinetik kann wahrscheinlich nicht auf sterische Effekte zurückgeführt werden, da die Seitenketten von Valin und Threonin beide an dem β-Kohlenstoff verzweigt sind (s. Abb. 25A und C). Stattdessen führt die polare OH-Gruppe des Threonin möglicherweise zu einer erhöhten Zugänglichkeit von Wassermolekülen zu dem Chromophor, was den Basen-katalysierten Zerfall des Photoaddukts beschleunigen würde. Die OH-Gruppe des Threonin könnte auch eine Wasserstoffbrückenbindung mit dem protonierten Cys62 eingehen und so das Reaktionsgleichgewicht zu Gunsten des Dunkelzustands verschieben (Christie, et al., 2007).

Weiterhin sollte eine beschleunigte Mutante von LF1 generiert werden. Der Rest Leu36 in LF1 ist homolog zu Ile427 in AsLOV2 und zu Ile85 in VVD-36 und die Mutation von Ile zu Val an diesen Positionen führte entsprechend zu einer 14- und 23fach beschleunigten Relaxationskinetik. Der Effekt des Aminosäurerests an der Position von Ile85 wird auf die Beeinflussung des Zugangs von Lösungsmittelmolekülen zu dem Chromophor zurückgeführt (Zoltowski, et al., 2009). Daher wurde auch Leu36 zu Valin mutiert (Abb. 26). Dies führte jedoch zu einer Verlangsamung der Relaxationskinetik, was unerwartet war, da Valin über eine kleinere Seitenkette als Leucin oder Isoleucin verfügt und somit der gegenteilige Effekt vorhergesagt werden würde. Da jedoch von der LOV-Domäne von LF1 noch keine Kristallstruktur existiert, basiert die Vorhersage der Homologie zwischen Leu36 und Ile85 lediglich auf der Identität der Primärsequenz und einem Homologiemodell, welches auf YF1 basiert. Da in LF1-L36V außerdem die absoluten Werte der Kinaseaktivität erhöht sind ohne die Photoregulation signifikant zu beeinflussen, kann daraus geschlossen werden, dass der Rest Leu36 in LF1 neben einem Einfluss auf die Photochemie auch unverstandene Auswirkungen auf die intramolekulare Signaltransduktion hat.

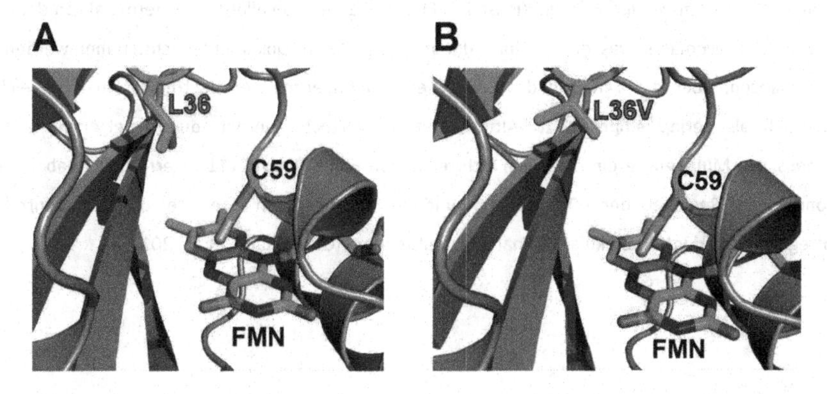

Abb. 26: Homologiemodell der Chromophor-Bindetasche von LfLOV1, basierend auf der Struktur der YtvA-LOV-Domäne. Die Aminosäurenreste L36 und C59 und der Chromophor sind als *sticks* dargestellt. Die Abbildungen und das Modell der Mutante wurde mit PyMol (V. 1.3) erstellt. **(A)** Modell von LF1-WT **(B)** Modell von LF1-L36V

Zusammenfassend kann gesagt werden, dass alle drei Mutationen von Val28 zu dem qualitativ gleichen Effekt wie homologe Mutationen in anderen LOV-Domänen führen. Dies weist auf eine hohe Konserviertheit der Funktion dieses Aminosäurenrests hin und bestätigt die etablierten Modelle zur Erklärung der verschiedenen Relaxationskinetiken. Dies deutet außerdem darauf hin, dass durch Einbringen homologer Mutationen in anderen LOV-Domänen gezielt die Lebensdauer des Photoaddukts modifiziert werden kann. Die Rolle des Rests Leu36 in LF1 kann möglicherweise durch weitere Mutagenestudien aufgeklärt werden. So könnte zum Beispiel die Mutante LF1-L36I generiert und mit Ytva-WT und VVD-WT verglichen werden, um ein umfassenderes Bild der Funktion dieser AS-Position zu erhalten.

4.2 Konstruktion eines genetischen Schaltkreises mit zwei Zwei-Komponenten-Systemen

Durch den Einsatz von LOV-Domänen, welche in ihrer Relaxationskinetik modifiziert wurden, konnte mit dem TCS YF1/FixJ konnte das Prinzip der Lichtpuls-regulierten Genexpression demonstriert werden. Um zu dem Ziel zu gelangen, über zwei Licht-regulierte TCS mit unterschiedlichen Kinetiken in einer Zelle zwei Promoter separat zu regulieren, müssen diese TCS allerdings orthogonal zueinander sein. In der vorliegenden Arbeit konnte das Licht-regulierte TCS YF1/FixJ in dem Plasmid pDusk durch das konstruierte TCS YT1/TodT ausgetauscht werden, welches Licht-reguliert die Expression von dem todX-Promoter induzieren kann. Der Induktionsfaktor von YT1 durch Licht betrug allerdings weniger als ein Viertel des Induktionsfaktors von YF1 in pDusk und ein anderes Fusionskonstrukt LT1-L36V zeigte keinerlei Lichtregulation (Abb. 27). Dieses Problem kann möglicherweise durch die Modifikation von YT1 oder LT1 mittels Mutagenese oder dem Einsatz verschiedener Linker-Varianten überwunden werden. Die Fusion von LOV-Domäne und Histidin-Kinase in YT1 und LT1 geschah allerdings C-terminal von dem DIT-Motiv der LOV-Domäne, was dem Aufbau der meisten PAS-HK-Linker entspricht. Daher werden die Erfolgschancen, über die Variation des Linkers eine Optimierung der Lichtregulation zu erreichen, tendenziell als gering eingeschätzt. Alternativ kann versucht werden durch zielgerichtete oder randomisierte Mutagenese eine stärkere Lichtregulation von YT1 oder LT1 zu erreichen. Dabei wären besonders die Regionen der LOV-Domänen und der Jα-Linker von Interesse, da diese zentral für Lichtregulation und intramolekulare Signalweiterleitung sind (Gleichmann, et al., 2013).

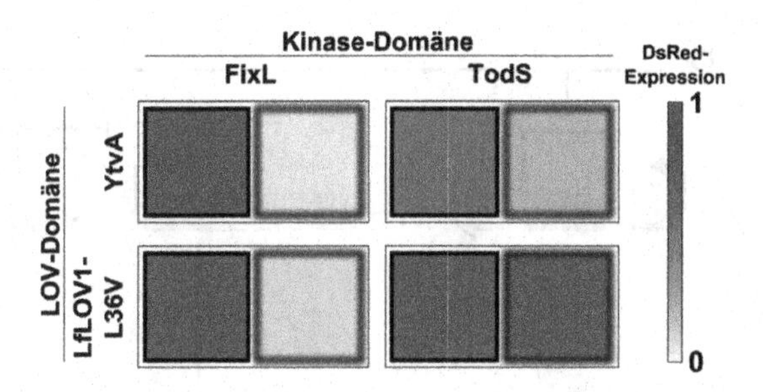

Abb. 27: Übersicht der untersuchten Kombinationen von LOV- und Kinase-Domänen. Die induzierte Expression von DsRed durch die Fusionskonstrukte im Dunkeln (schwarzer Kasten) und unter Blaulicht (blauer Kasten) wurde auf YF1-WT normiert und ist farbkodiert wiedergegeben.

Der Induktionsfaktor von YF1 wurde durch den Einsatz des Inverters in pDawn gegenüber pDusk um das 24fache gesteigert (Ohlendorf, et al., 2012). Eine funktionierende Kombination aus Inverter-Baustein und TodST-basiertem TCS konnte jedoch in der Arbeit nicht identifiziert werden. Der Srp-Repressor ohne LVA-Tag ist zwar im pDusk Kontext mit dem YF1/FixJ TCS funktional, unterdrückt jedoch in dem YT1/TodT TCS die Genexpression komplett. Ein Grund dafür könnte eine Rest-Kinase-Aktivität von YT1 unter Blaulicht sein, was zu einer hohen, basalen Expression des Repressors führen würde. Dieses Problem kann möglicherweise überwunden werden, indem ein Repressor mit LVA-Tag eingesetzt wird, was zu einer geringeren Konzentration an Repressorproteinen in der Zelle führen würde. Darüber hinaus kann auch der Einsatz eines alternativen Inverters zusammen mit YT1 getestet werden. Erste Versuche im Rahmen der vorliegenden Arbeit mit einem Phagen-Repressor aus dem lambdoiden Phagen 434 konnten noch keine definitiven Ergebnisse hervorbringen und müssten in zukünftigen Studien weiter verfolgt werden.

Da beide TCS letztendlich in einer Zelle exprimiert werden sollen, muss das Risiko eines eventuellen *Cross-Talk* zwischen den zwei TCS ausgeschlossen werden. Hierzu konnte bereits gezeigt werden, dass der RR FixJ nicht die Genexpression von dem todX-Promoter induziert. Weitere Quellen von unerwünschtem *Cross-Talk* könnten die Bildung von Heterodimeren der zwei HK oder unspezifische Phosphorylierung oder Dephosphorylierung der RR durch die HK des jeweils anderen TCS sein. Allerdings ist die Bindung von HK zu ihren entsprechenden RR meist hochspezifisch (Stock et al., 2000; Skerker et al., 2008). Ein genereller Nachteil beim Einsatz von Lichtpuls-regulierter Genexpression gegenüber dem Einsatz verschiedener Wellenlängen ist, dass bei konstantem Blaulicht alle Blaulicht-Photorezeptoren in den Lichtzustand versetzt werden, unabhängig von ihrer Relaxationskinetik. Um also über Lichtpulse selektiv TCS 1 zu aktivieren und bei konstantem Blaulicht ausschließlich TCS 2 zu aktivieren, ist die Repression von TCS 1 durch TCS 2 notwendig. Dies kann durch einen genetischen Schaltkreis mit einem NOT-*Gate* (Gardner, et al., 2000) bewerkstelligt werden, welcher wie in Abb. 28 aufgebaut wäre.

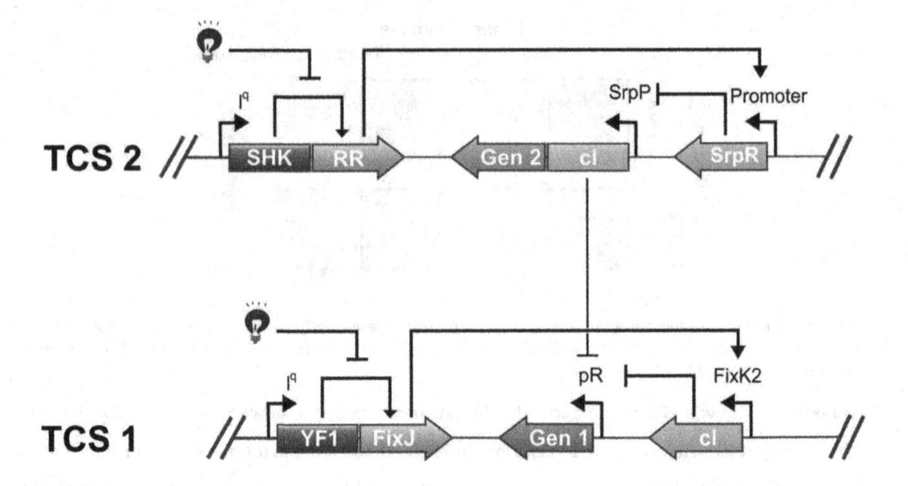

Abb. 28: Schema eines genetischen Schaltkreises mit zwei Licht-regulierten TCS. Da durch den ersten Schaltkreis mit TCS 2 ein Repressor des Schaltkreises mit TCS 1 (YF1/FixJ) exprimiert wird, ist eine gleichzeitige Expression der zwei Gene von Interesse ausgeschlossen.

Durch Applikation von Lichtpulsen mit geringer Frequenz auf ein langsam relaxierendes YF1-V28I in TCS 1 würde Genexpression von dem pR-Promoter induziert werden. Bei konstantem Blaulicht würde durch eine schnell relaxierende LOV-Domäne wie LF1-L36V in TCS 2 die Genexpression von dem Srp-Promoter induziert werden. Dadurch würde neben dem Gen von Interesse auch der cI-Repressor exprimiert werden, was eine gleichzeitige Induktion des pR-Promoters verhindern würde.

4.3 Funktion der LOV-Domänen im Tandem-Konstrukt YLF1

Es konnten durch *Screening* von randomisierten LF1-Varianten die konstitutiv aktive Mutante LF1-D22N und die Inverter-Mutante LF1-F106V identifiziert werden, welche in YLF1 eingebracht wurden. Beide Mutationen befinden sich beide in der Nähe der Schleife, welche die A'α-Helix mit dem Aβ-Faltblatt verbindet. Diese Region wurde bereits als kritisch für die Signalweiterleitung in YF1 identifiziert (Gleichmann, et al., 2013) was auf einen vergleichbaren Prozess der Signalweiterleitung in LF1 hindeutet. Alternativ zur Identifizierung von Mutationen in LF1 und deren Transfer in YLF1 wurde auch versucht direkt YLF1 zu randomisieren und den Genotyp von konstitutiv aktiven oder Inverter-Mutanten zu bestimmen. Da jedoch nur eine geringe Variation in der Genexpression durch die YLF1-Mutanten beobachtet wurde, wurde dieser Ansatz verworfen. Der Hintergrund ist vermutlich, dass einzelne Mutationen an einer LOV-Domäne in YLF1 selten zu ON- oder Inverter-Mutanten führen; in den untersuchten Mutanten war dies sogar nie der Fall (s. Abb. 24). Dieser Effekt beruht vermutlich auf der Signalintegration der zwei LOV-Domänen in YLF1. Es wurden bereits andere Rezeptorproteine mit Tandem-PAS-Domänen funktional beschrieben (Matsuoka & Tokutomi, 2005; Möglich et al., 2010; Kyndt et al., 2010) und es konnte ein wiederkehrendes Prinzip in der Signalintegration der zwei PAS-Domänen bestimmt werden. In Tandem-PAS-Proteinen befindet sich jeweils eine PAS-Domäne 1 direkt N-terminal von der Effektordomäne, wobei sich eine PAS-Domäne 2 wiederum N-terminal von PAS-Domäne 1 befindet. In den genannten Studien hatten immer beide PAS-Domänen einen Einfluss auf die Effektordomäne, den größten Einfluss hatte jedoch stets die, zur Effektordomäne benachbarte, PAS-Domäne 1. Dies würde für YLF1 bedeuten, dass die LfLOV1-Domäne eine wichtigere Rolle für die Kinase/Phosphatase-Aktivität von FixL spielt, als die LOV-Domäne aus YtvA. Tatsächlich weisen die Ergebnisse darauf hin, dass Mutationen in der LfLOV1-Domäne einen größeren Einfluss auf die Kinase-Aktivität von YLF1 haben als Mutationen in der YtvA-Domäne. Vergleicht man die Induktionsfaktoren und die absoluten Aktivitäten der YF1- und LF1-Mutanten mit den entsprechenden Doppelmutanten in YLF1, so ist die Aktivität der YLF1-Mutanten den LF1-Mutanten ähnlicher. Um diesen Effekt zu quantifizieren, wurde die mittlere, quadratischen Standardabweichung (RMSD) zwischen der Genexpression durch die YF1- und LF1-Varianten einerseits und der Genexpression durch die YLF1-Varianten andererseits, welche die Mutationen der YF1- oder LF1-Varianten trugen, verglichen. Beispielsweise wurde so die Expression der YF1-H22P Variante unter Blaulicht mit allen YLF1-Varianten unter Blaulicht verglichen, die in der YtvA-LOV-Domäne die Mutation H22P trugen. Mittelt man diese Differenzen so erhält man eine RMSD zwischen LF1- und YLF1-Mutanten von 0.46 und zwischen YF1- und YLF1-Mutanten von 1.06, was bestätigt, dass die LfLOV1-Domäne einen stärkeren Effekt auf die Kinase-Aktivität von YLF1 zu haben scheint. Da sich diese Vergleiche nur auf die Netto-Kinase-Aktivität beziehen, können so keine Rückschlüsse auf die Kinase-Aktivität von YLF1 bei ausschließlicher Aktivierung einzelner LOV-Domänen gezogen werden, was mehr zu dem Verständnis der intramolekularen Signalintegration beitragen würde. Zu diesem Zweck müsste die DsRed-Expression durch die YLF1-Mutanten in Abhängigkeit von der Pulsfrequenz gemessen und dann versucht werden durch Anpassen der erhaltenen Daten an eine biphasische, exponentielle Funktion die Beiträge der YtvA- und LfLOV1-Domänen zur Netto-Kinase-Aktivität zu extrahieren.

4.4 Ausblick und Anwendungen

Das Prinzip der Regulierung von Photorezeptoren durch monochromatische Lichtpulse kann theoretisch in jedem optogenetischen System angewandt werden, welches folgende Bedingungen erfüllt: 1) Der eingesetzte Photorezeptor muss reversibel durch Beleuchtung angeregt werden und relaxieren können. 2) Die Relaxationskinetiken der eingesetzten Photorezeptor-Varianten müssen sich hinreichend unterscheiden. 3) Die Abhängigkeit der biologischen Antwort von der Pulsfrequenz muss sigmoidal sein. Der dritte Punkt ist wichtig, um zu garantieren, dass der schneller relaxierende Photorezeptor auch bei intermediären Pulsfrequenzen keine biologische Aktivität zeigt. Ausgeschlossen sind daher direkt lichtaktivierte Systeme wie zum Beispiel Kanalrhodopsine (Nagel, et al., 2003). Viele Signaltransduktionswege in Zellen weisen hingegen sigmoidale Kinetiken auf, da oft zahlreiche nicht-lineare Prozesse in die Signalweiterleitung involviert sind, wie zum Beispiel Reaktions-Diffusions-Gradienten (Kholodenko, et al., 2010), Oligomerisierungsprozesse oder Kooperativität. Daher wäre der Einsatz von Lichtpulsen in Expressions-Systemen oder zur Untersuchung von Signaltransduktionswegen am zielführendsten. Insbesondere in der Untersuchung von hochkomplexen Systemen ist die gezielte Regulation mehrerer Promoter wünschenswert.

Eine Anwendung eines solchen Systems könnte die Optimisierung von komplexen, biotechnologischen Prozessen in *E. coli* sein. Die Produktion des wichtigen Krebsmedikaments Taxol (Paclitaxel) in *E. coli* besteht aus einem vielstufigen Syntheseweg und resultiert in einer vergleichsweise geringen Ausbeute, nicht zuletzt aufgrund toxischer Intermediate (Ajikumar, et al., 2010). Die Maximierung der Expressionsraten der involvierten Enzyme ist dabei nicht ausschlaggebend für eine erhöhte Ausbeute des Endprodukts, sondern vielmehr die sorgfältige Abstimmung der Konzentrationen der Enzyme zueinander, um den metabolischen Flux der Taxol-Intermediate zu optimieren. Klassische Methoden der Produktionsoptimierung in *E. coli* beruhen auf molekularbiologischen Ansätzen um die Eigenschaften der entsprechenden Promoter und Enzyme zu modifizieren (Mora-Pale, et al., 2013). Die Regulation der Enzym-Produktion durch optogenetische Methoden würde ein Hochdurchsatz-*Screening* verschiedener enzymatischer Konzentrationen ohne zeitaufwändige, molekularbiologische Modifikationen ermöglichen. Die Kombination von Lichtpulsen mit zwei verschiedenen Wellenlängen könnte dabei die selektive Expression von fünf verschiedenen Enzymen ermöglichen, indem zwischen den Beleuchtungsbedingungen Dunkelheit, gepulstes Licht bei einer der zwei Wellenlängen oder kontinuierliches Licht bei einer der zwei Wellenlängen variiert wird.

Ein Anwendung in eukaryotischen Zellen könnte die Generierung von induzierten pluripotenten Zellen (iPSCs) sein. Die Konvertierung somatischer, differenzierter Zellen in iPSCs hängt von der Expression von mindestens vier zentralen Transkriptionsfaktoren ab und trotz deren Kenntnis ist die Induktion von Pluripotenz durch virale Expression dieser Proteine ein höchst ineffizienter Prozess (Hanna, et al., 2010). Es wurden zahlreiche Anstrengungen unternommen, diesen Prozess effizienter zu gestalten. Die maßgeschneiderte Expression der vier Transkriptionsfaktoren durch Lichtpulsmodulation von zwei verschiedenen Photorezeptoren bei zwei verschiedenen Wellenlängen könnte dies ermöglichen, da so eine höhere Kontrolle der Konzentration der einzelnen Transkriptionsfaktoren gegenüber der Expression durch virale Vektoren gewährleistet wäre.

Von besonderem Interesse wäre darüber hinaus die Anwendung in Geweben, welche aufgrund der starken Absorption von kurzwelligem Licht meist nur den Einsatz einer Wellenlänge (rot bis infrarot) ermöglichen. Als Rotlicht-Rezeptoren könnten beispielsweise Phytochrome eingesetzt werden, da auch die Relaxationskinetiken verschiedener Phytochrom-Varianten durch Mutagenese modifiziert werden können (Elich & Chory 1997; Rockwell et al., 2006). Von Ye & Fussenegger (2014) wurden bereits zahlreiche synthetische, genetische Schaltkreise vorgeschlagen, welche zu therapeutischen Zwecken in Säugetierzellen und Modellorganismen eingesetzt werden könnten. Auch für deren Regulation würde sich eine Rotlichtpuls-regulierte Genexpression anbieten. In Verhaltensstudien an *D. melanogaster* wurden bereits Kanalrhodopsine mit rot-verschobenem Absorptionsspektrum eingesetzt, da nur Rotlicht die Cuticula der Insekten genügend durchdringen kann (Inagaki, et al., 2014). Hier könnte beispielsweise die selektive Regulation der Konzentration von zwei antagonistischen Metaboliten in *D. melanogaster* durch Rotlichtpulse die Möglichkeit bieten, komplexere Zusammenhänge als bisher zu untersuchen.

Literaturverzeichnis

Ajikumar, P. K. et al., 2010. Isoprenoid Pathway Optimization for Taxol Precursor Overproduction in Escherichia coli. *Science*, Okt, Issue 330, pp. 70-74.

Akbar, A. et al., 2001. New family of regulators in the environmental signaling pathway which activates the general stress transcription factor σB of Bacillus subtilis. *Journal of bacteriology*, Issue 183, pp. 1329-1338.

Andersen, J. B. et al., 1998. New unstable variants of green fluorescent protein for studies of transient gene expression in bacteria. *Applied and Environmental Microbiology*, Issue 64(6), pp. 2240-2246.

Boyden, E. et al., 2005. Millisecond-timescale, genetically targeted optical control of neural activity. *Nature Neuroscience*, Sep, Issue 8(9), pp. 1263-8.

Camsund, D., Lindblad, P. & Jaramillo, A., 2011. Genetically engineered light sensors for control of bacterial gene expression. *Biotechnology Journal*, Issue 6, pp. 826-36.

Christie, J. M. et al., 2007. Steric interactions stabilize the signaling state of the LOV2 domain of phototropin 1. *Biochemistry*, 14 Aug, Issue 32, pp. 9310-9.

Cirino, P., Mayer, K. & Umeno, D., 2003. Generating mutant libraries using error-prone PCR. *Methods in Molecular Biology*, pp. 3-9.

Crosson, S., Rajagopal, S. & Moffat, K., 2003. The LOV domain family: photoresponsive signaling modules coupled to diverse ouput domain. *Biochemistry*, 14 Jan, pp. 2-10.

Diensthuber, R., Bommer, M., Gleichmann, T. & Möglich, A., 2013. Full-Length Structure of a Sensor Histidine Kinase Pinpoints Coaxial Coiled Coils as Signal Transducers and Modulators. *Structure*, 2 Jul, pp. 1127-36.

Diensthuber, R. P. et al., 2014. Biophysical, Mutational, and Functional Investigation of the Chromophore-Binding Pocket of Light-Oxygen-Voltage Photoreceptors. *ACS Synthetic Biology*, 5 Mar.

Elich, T. D. & Chory, J., 1997. Biochemical characterization of Arabidopsis wild-type and mutant phytochrome B holoproteins. *Plant Cell*, Issue 9, pp. 2271-80.

Gardner, T. S., Cantor, C. R. & Collins, J. J., 2000. Construction of a genetic toggle switch in Escherichia coli. *Nature*, 20 Jan, Issue 403(6767), pp. 339-42.

Gasser, C. et al., 2014. Engineering of a red-light-activated human cAMP/cGMP-specific phosphodiesterase. *Proc. Natl. Acad. Sci. USA*, 2 Jun.

Gilles-Gonzalez, M. A., Ditta, G. S. & Helinski, D. R., 1991. A haemoprotein with kinase activity encoded by the oxygen sensor of Rhizobium meliloti. *Nature*, 14 Mar, Issue 350, pp. 170-2.

Gleichmann, T., Diensthuber, R. & Möglich, A., 2013. Charting the Signal Trajectory in a Light-Oxygen-Voltage Photoreceptor by Random Mutagenesis and Covariance Analysis. *Journal of Biological Chemistry*, 11 Oct, Issue 288(41), pp. 29345-55.

Gradianaru, V. et al., 2010. Molecular and cellular approaches for diversifying and extending optogenetics. *Cell*, 2 Apr, Issue 141, pp. 154-65.

Hanna, J. H., Saha, K. & Jaenisch, R., 2010. Pluripotency and Cellular Reprogramming: Facts, Hypotheses, Unresolved Issues. *Cell*, 12 Nov, Issue 143, pp. 508-525.

Hochuli, E. et al., 1988. Genetic approach to facilitate purification of recombinant proteins with a novel metal chelate adsorbent. *Nature Biotechnology*, Nov, Issue 6, pp. 1321-25.

Inagaki, H. K. et al., 2014. Optogenetic control of Drosophila using a red-shifted channelrhodopsin reveals experience-dependent influences on courtship. *Nature Methods*, Mar, Issue 11(3), pp. 325-32.

Kawano, F., Aono, A., Suzuki, H. & Sato, M., 2013. Fluorescence Imaging-Based High-Throughput Screening of Fast- and Slow-Cycling LOV Proteins. *PLOS ONE*, 18 Dec, Issue 8(12), p. e82693.

Kholodenko, B. N., Hancock, J. F. & Kolch, W., 2010. Signalling ballet in space and time. *Nat. Rev. Mol. Cell. Biol.*, Jun, Issue 11(6), pp. 414-26.

Kottke, T. et al., 2003. Phot-LOV1: photocycle of a blue-light receptor domain from the green alga Chlamydomonas reinhardtii. *Biophysical Journal*, Issue 84, pp. 1192-201.

Krauss, U., Lee, J., Benkovic, S. & Jaeger, K., 2010. LOVely enzymes – towards engineering light-controllable biocatalysts. *Microbial Biotechnology*, Jan, Issue 3(1), pp. 15-23.

Kyndt, J. A. et al., 2010. Regulation of the Ppr histidine kinase by light-induced interactions between its photoactive yellow protein and bacteriophytochrome domains. *Biochemistry*, 2 Mär, Issue 49(8), pp. 1744-54.

Lacal, J. et al., 2006. The TodS–TodT two-component regulatory system recognizes a wide range of effectors and works with DNA-bending proteins. *Proc. Natl. Acad. Sci. USA*, 23 Mai, Issue 103(21), pp. 8191-6.

Laemmli, U. K., 1970. Cleavage of Structural Proteins during the Assembly of the Head of Bacteriophage T4. *Nature*, 15 Aug, Issue 227, pp. 680-85.

Lau, P. C. K. et al., 1997. A bacterial basic region leucine zipper histidine kinase regulating toluene degradation. *Proc. Natl. Acad. Sci.*, Feb, Issue 94, pp. 1453-58.

Levskaya, A. et al., 2005. Synthetic biology: engineering Escherichia coli to see light. *Nature*, Issue 438, pp. 441-442.

Lin, J. Y. et al., 2013. ReaChR: a red-shifted variant of channelrhodopsin enables deep transcranial optogenetic excitation. *Nature Neuroscience*, Oct, Issue 16(10), pp. 1499-508.

Lois, A., Weinstein, M., Ditta, G. & DR, H., 1993. Autophosphorylation and phosphatase activities of the oxygen-sensing protein FixL of Rhizobium meliloti are coordinately regulated by oxygen. *Journal of Biological Chemistry*, 25 Feb, Issue 268(6), pp. 4370-5.

Losi, A., Polverini, E., Quest, B. & Gärtner, W., 2002. First Evidence for phototropin-related blue-light receptors in prokaryotes. *Biophysical Journal*, pp. 2627-34.

Mathes, T., Vogl, C., Stolz, J. & Hegemann, P., 2009. In vivo generation of flavoproteins with modified cofactors. *Journal of Molecular Biology*, 6 Feb, Issue 385(5), pp. 1511-8.

Matsuoka, D. & Tokutomi, S., 2005. Blue light-regulated molecular switch of Ser/Thr kinase in phototropin. *Proc. Natl. Acad. Sci. USA*, 13 Sep, Issue 102(37), pp. 13337-42.

Miyazaki, K., 2011. MEGAWHOP cloning: a method of creating random mutagenesis libraries via megaprimer PCR of whole plasmids. *Methods in enzymology*, Issue 498, pp. 399-406.

Mizuno, T., 1997. Compilation of all genes encoding two-component phosphotransfer signal transducers in the genome of Escherichia coli. *DNA Research*, 28 Apr, Issue 4(2), pp. 161-8.

Möglich, A., Ayers, R. A. & Moffat, K., 2009. Design and Signaling Mechanism of Light-Regulated Histidine Kinases. *Journal of Molecular Biology*, 6 Feb, pp. 1433-44.

Möglich, A., Ayers, R. & Moffat, K., 2009b. Structure and signalling mechanism of Per-ARNT-Sim domains. *Structure*, Issue 17, pp. 1282-1294.

Möglich, A., Ayers, R. & Moffat, K., 2010. Addition at the molecular level: signal integration in designed Per-ARNT-Sim receptor proteins. *Journal of Molecular Biology*, 16 Jul, Issue 400(3), pp. 477-86.

Möglich, A. & Moffat, K., 2010. Engineered photoreceptors as novel optogenetic tools. *Photochemical & Photobiological Sciences*, Issue 9, pp. 1286-1300.

Möglich, A., Yang, X., Ayers, R. A. & Moffat, K., 2010. Structure and Function of Plant Photoreceptors. *Annual Review of Plant Biology*, Issue 61, pp. 21-47.

Mora-Pale, M. et al., 2013. Metabolic engineering and in vitro biosynthesis of phytochemicals and non-natural analogues. *Plant Science*, Sep, Issue 210, pp. 10-24.

Mosqueda, G., Ramos-González, M. I. & Ramos, J. L., 1999. Toluene metabolism by the solvent-tolerant Pseudomonas putida DOT-T1 strain, and its role in solvent impermeabilization. *Gene*, 17 Mai, Issue 232(1), pp. 69-76.

Müller, K. et al., 2013. A red/far-red light-responsive bi-stable toggle switch to control gene expression in mammalian cells. *Nucleic Acids Research*, Apr, Issue 41(7), p. e77.

Müller, K. et al., 2013. Multi-chromatic control of mammalian gene expression and signaling. *Nucleic Acids Research*, Jul, Issue 41(12), p. e124.

Müller, K. & Weber, W., 2013. Optogenetic tools for mammalian systems. *Molecular bioSystems*, 5 Apr, Issue 9(4), pp. 596-608.

Nagel, G. et al., 2003. Channelrhodopsin-2, a directly light-gated cation-selective membrane channel. *Proc. Natl. Acad. Sci. USA*, 25 Nov, Issue 100(24), pp. 13940-5.

Ohlendorf, R. et al., 2012. From Dusk till Dawn: One-Plasmid Systems for Light-Regulated Gene Expression. *Journal of Molecular Biology*, 2 Mar, pp. 534-42.

Olson, E. et al., 2014. Characterizing bacterial gene circuit dynamics with optically programmed gene expression signals. *Nature Methods*, Issue 11, pp. 449-455.

Pathak, G. P., Vrana, J. D. & Tucker, C. L., 2013. Optogenetic Control of Cell Function Using Engineered Photoreceptors. *Biology of the Cell*, Feb, Issue 105(2), pp. 59-72.

Prigge, M. et al., 2012. Color-tuned channelrhodopsins for multiwavelength optogenetics. *Journal of Biological Chemistry*, 14 Sep, Issue 287(38), pp. 31804-12.

Ptashne, M., 1986. *A Genetic Switch*. Palo Alto: Blackwell Press.

Raffelberg, S. et al., 2013. The amino acids surrounding the flavin 7a-methyl group determine the UVA spectral features of a LOV protein. *Biological Chemistry*, Issue 394(11), pp. 1517-28.

Raffelberg, S., Mansurova, M., Gärtner, W. & Losi, A., 2011. Modulation of the photocycle of a LOV domain photoreceptor by the hydrogen-bonding network. *Journal of the American Chemical Society*, 13 Apr, Issue 133(14), pp. 5346-56.

Ramos-Gonzalez, M. I. et al., 2002. Cross-Regulation between a Novel Two-Component Signal Transduction System for Catabolism of Toluene in Pseudomonas mendocina and the TodST System from Pseudomonas putida. *Journal of Bacteriology*, Dec, Issue 184(24), pp. 7062-67.

Rockwell, N. C. et al., 2014. Eukaryotic algal phytochromes span the visible spectrum. *Proc. Natl. Acad. Sci. USA*, 11 Mär, Issue 111(10), pp. 3871-6.

Rockwell, N. C., Su, Y.-S. & Lagarias, J. C., 2006. Phytochrome Structure and Signaling Mechanisms. *Annual Review of Plant Biology*, Issue 57, pp. 837-858.

Saiki, R. K. et al., 1988. Primer-directed enzymatic amplification of DNA with a thermostable DNA polymerase. *Science*, 29 Jan, Issue 239(4839), pp. 487-91.

Shimizu-Sato, S., Huq, E., Tepperman, J. & Quail, P., 2002. A light-switchable gene promoter system. *Nature Biotechnology*, Issue 20, pp. 1041-44.

Silva-Jiménez, H., Ramos, J. L. & Krell, T., 2012. Construction of a prototype two-component system from the phosphorelay system TodS/TodT. *Protein egnineering, design and selection*, Apr, Issue 25(4), pp. 159-69.

Skerker, J. M. et al., 2008. Rewiring the Specificity of Two-Component Signal Transduction Systems. *Cell*, 13 Jun, Issue 133, pp. 1043-54.

Stanton, B. C. et al., 2014. Genomic mining of prokaryotic repressors for orthogonal logic gates. *Nature Chemical Biology*, Feb, Issue 10(2), pp. 99-105.

Stock, A. M., Robinson, V. L. & Goudreau, P. N., 2000. Two-component signal transduction. *Annual Review of Biochemistry*, Issue 69, pp. 183-215.

Strack, R. et al., 2008. A noncytotoxic DsRed variant for whole-cell labeling. *Nature Methods*, Issue 5(11), pp. 955-57.

Sugimoto, N., Nakano, S., Yoneyama, M. & Honda, K., 1996. Improved thermodynamic parameters and helix initiation factor to predict stability of DNA duplexes. *Nucleic Acids Research*, 15 Nov, Issue 24(22), pp. 4501-5.

Sun, X., Zahir, Z., Lynch, K. H. & Dennis, J. J., 2011. An antirepressor, SrpR, is involved in transcriptional regulation of the SrpABC solvent tolerance efflux pump of Pseudomonas putida S12. *Journal of Bacteriology*, Jun, Issue 193(11), pp. 2717-25.

Swartz, T. E. et al., 2001. The photocycle of a flavin-binding domain of the blue light photoreceptor phototropin. *The Journal of Biological Chemistry*, 28 Sep, Issue 276, pp. 36493-36500.

Tabor, J., Levskays, A. & Voigt, C., 2011. Multichromatic control of gene expression in Escherichia coli. *Journal of Molecular Biology*, Issue 405, pp. 315-324.

Taylor, B. L. & Zhulin, I. B., 1999. PAS Domains: Internal Sensors of Oxygen, Redox Potential, and Light. *Microbiology and Molecular Biology Reviews*, June, pp. 479-506.

Ye, H. & Fussenegger, M., 2014. Synthetic therapeutic gene circuits in mammalian cells. *FEBS Letters*, 17 Mai.

Zoltowski, B. D., Vaccaro, B. & Crane, B. R., 2009. Mechanism Based Tuning of a LOV Domain Photoreceptor. *Nature Chemical Biology*, Nov, Issue 5(11), pp. 827-834.

Sugimoto [illegible] Nakano [illegible] Yoneyama, M. & Honda, K. 1996. Improved thermodynamic parameters and helix initiation factor [illegible] stability of DNA duplexes. Nucleic Acids Research 24 [illegible] 24(22) pp. 4501[illegible].

[illegible] 2002 [illegible] A [illegible] repressor [illegible] is involved in transcription of [illegible] Journal [illegible] pp. [illegible].

[illegible] 2008 [illegible] Journal of [illegible] 28 [illegible].

[illegible] Method [illegible] of gene expression [illegible] Molecular Biology [illegible] pp. [illegible].

Tanaka [illegible] Fe-box [illegible] and [illegible] Microbiology and Molecular [illegible] 47 [illegible].

[illegible]

Zhu [illegible]